mentor Abiturhilfe

Mathematik

Oberstufe

Analysis 3:
Integralrechnung

Helmuth Preckur

Mit ausführlichem Lösungsteil

Special: Lerntipps!

Über den Autor:

Helmuth Preckur, Studiendirektor, Fachbetreuer für Mathematik
an der Berufsoberschule für Technik

Lerntipps:

Reiner Kleinert, Studienrat für Deutsch und Biologie

Redaktion: Dr. Hans-Peter Waschi

Mathematische Abbildungen: Dr. Hans-Peter Waschi, Holzkirchen

Illustrationen: Pieter Kunstreich, Hamburg

Layout: Barbara Slowik, München

Umwelthinweis: Gedruckt auf chlorfrei gebleichtem Papier.

Auflage:	8.	7.	6.	5.	letzte Zahlen
Jahr:	2007	2006	2005		maßgeblich

Druck: Druckhaus Langenscheidt, Berlin
Printed in Germany • ISBN 3-580-63647-2
www.mentor.de

Inhalt

Liebe Schülerin, lieber Schüler,

diese Abiturhilfe Analysis 3 wurde für den Einsatz im Grundkurs Mathematik aller weiterführenden Schulen geschrieben. Die Integralrechnung ist gemeinsamer Bestand der Lehrpläne aller Bundesländer und wird in den Abschlussprüfungen verlangt.

Haben Sie keine Angst vor der Integralrechnung! Nach den etwas komplizierten Ausführungen, die nun einmal zu ihrer Begründung notwendig sind, beschäftigen wir uns ausführlich mit der Anwendung der Integralrechnung. Dabei steht natürlich die Berechnung von Flächeninhalten im Vordergrund. Sie finden dazu in diesem Band nützliche Tipps und Merkregeln, die zu einer einfachen Lösung der gestellten Probleme führen. Testen Sie dies in den Musteraufgaben und vor allem in der *selbstständigen* Bearbeitung der Aufgaben. Bei Schwierigkeiten helfen Ihnen die Aufgabenlösungen sicher weiter.

Welche mathematischen Voraussetzungen sollten Sie mitbringen?

Sie sollten Termumformungen sicher beherrschen, außerdem die Gleichungslehre und die Polynomdivision kennen und mit den ganzrationalen und gebrochenrationalen Funktionen vertraut sein. (Diese Grundlagen finden Sie im Band Analysis 1.)

Die natürliche Logarithmusfunktion und die Exponentialfunktion sollten Sie nicht nur kennen, sondern auch ihre Ableitungen mithilfe der Kettenregel sicher bilden können. Für einen sinnvollen Einstieg in die Integralrechnung ist die Kenntnis und Beherrschung der Differenzialrechnung unerlässlich. (Die Differenzialrechnung ist im Band Analysis 2 ausführlich dargestellt.)

Verlag und Autor wünschen Ihnen, dass Sie erfolgreich mit diesem Band arbeiten und in der Prüfung möglichst gut abschneiden.

Helmuth Preckur

Vorwort

Benutzerhinweise

Diese Piktogramme und Symbole begleiten Sie durch den ganzen Band. Sie stehen für:

Beginn eines Beispiels

Ende eines Beispiels

Zusätzlich finden Sie bei größeren Beispielen dieses Piktogramm:

Definition

Satz, Lehrsatz bzw. Gesetz

Merksatz

Eine Übersicht über **Bezeichnungen** und **logische Zeichen** finden Sie auf S. 140.

Stammfunktionen

1.

Erklärung der Stammfunktionen

1.1

Im Band Analysis 2 (mentor Abiturhilfe 646) hatten wir uns ausführlich mit der Ableitung einer Funktion beschäftigt. Wir stellen rückblickend fest: Für eine differenzierbare Funktion $f(x)$ können wir mithilfe der Ableitung der Grundfunktionen und weiterer Ableitungsregeln (Produkt-, Quotienten- und Kettenregel) die Ableitung $f'(x)$ berechnen.
So hat zum Beispiel die Funktion $f(x) = x^2 + 5$ die Ableitung $f'(x) = 2x$, die Funktion $g(x) = \sin x$ die Ableitung $g'(x) = \cos x$.

Für die allgemeine Untersuchung einer Funktion, deren Ableitungsfunktion bekannt ist, sind in der Mathematik bestimmte Redeweisen und Bezeichnungen vereinbart:

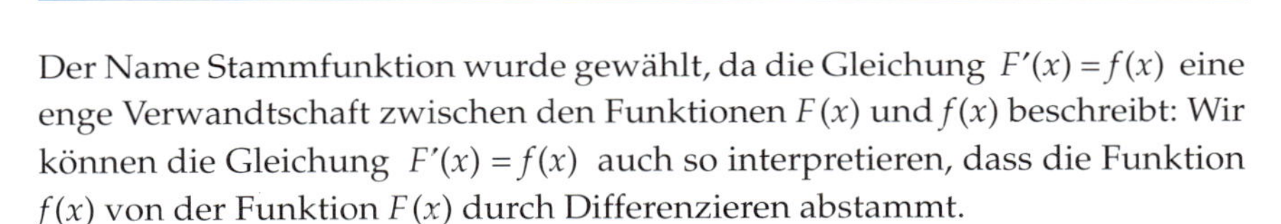

Eine Funktion $F(x)$ nennt man **Stammfunktion** der Funktion $f(x)$, wenn $F'(x) = f(x)$ für alle $x \in D_f$ gilt.

Der Name Stammfunktion wurde gewählt, da die Gleichung $F'(x) = f(x)$ eine enge Verwandtschaft zwischen den Funktionen $F(x)$ und $f(x)$ beschreibt: Wir können die Gleichung $F'(x) = f(x)$ auch so interpretieren, dass die Funktion $f(x)$ von der Funktion $F(x)$ durch Differenzieren abstammt.

Üblicherweise werden die zu den Funktionen f, g und h gehörenden Stammfunktionen mit den entsprechenden großen Buchstaben F, G und H bezeichnet. Nach dieser Vereinbarung wäre zum Beispiel $F(x) = 3x^2 - 5x + 20$ mit $D_F = \mathbb{R}$ wegen $F'(x) = 6x - 5$ ($D_{F'} = \mathbb{R}$) eine Stammfunktion der Funktion $f(x) = 6x - 5$. Ebenso wären die Funktionen $H_1(x) = x^2 + 3$ und $H_2(x) = x^2 - 7$ jeweils Stammfunktionen von $h(x) = 2x$.

Wie findet man Stammfunktionen?

Zur Bestimmung von Stammfunktionen, die im Grundkurs benötigt werden, leistet die Formelsammlung gute Dienste. Sie finden dort (bei der Differenzialrechnung!) eine Tabelle von Grundfunktionen $y(x)$ mit den zugehörigen Ableitungsfunktionen $y'(x)$.
Setzen Sie nun $y'(x) = f(x)$, dann haben Sie in $y(x) = F(x)$ eine Stammfunktion F von f gefunden, da $F'(x) = y'(x) = f(x)$ erfüllt ist.

Natürlich finden Sie in jeder Formelsammlung auch eine Tabelle von Stammfunktionen, die aber oft kürzer ist als die Tabelle mit den Ableitungen. Vergleichen Sie dazu den Abschnitt 1.3 über unbestimmte Integrale.

Beispiel 1 Aus der Formelsammlung: $y = x^n$; $y' = n \cdot x^{n-1}$ $(n \in \mathbb{R})$

Die Funktion $F(x) = x^n$ ist also eine Stammfunktion von $f(x) = n \cdot x^{n-1}$.

Ist aber zu $g(x) = x^n$ eine Stammfunktion $G(x)$ zu bestimmen, dann können wir so vorgehen:
Die gesuchte Funktion $G(x)$ muss den Term x^{n+1} enthalten, der beim Ableiten in $(n+1)\,x^n$ übergeht. Da aber $g(x) = x^n$ den Faktor $(n+1)$ *nicht* hat, machen wir für $G(x)$ den Ansatz:

$$G(x) = \frac{1}{n+1} \cdot x^{n+1} \quad \text{mit} \quad n \in \mathbb{R}\setminus\{-1\}$$

$$G'(x) = \frac{1}{n+1} \cdot (n+1) \cdot x^n$$

$$G'(x) = x^n = g(x)$$

Ergebnis:

Zur Funktion $g(x) = x^n$ erhalten wir eine Stammfunktion $G(x)$, indem wir in der Potenz x^n die Hochzahl n um 1 auf $n+1$ erhöhen und dann den Term x^{n+1} durch diese neue Hochzahl $n+1$ dividieren:

$g(x) = x^n$ hat die Stammfunktion $G(x) = \dfrac{x^{n+1}}{n+1} = \dfrac{1}{n+1} \cdot x^{n+1}$ $(n \neq -1)$.

Beispiel 2 Zu $f(x) = \cos(ax+b)$ ist eine Stammfunktion $F(x)$ zu bestimmen.

Aus der Formelsammlung: $y = \sin x$; $y' = \cos x$

Wir betrachten daher die Funktion $y = \sin(ax+b)$, die wir als Verkettung von $y = \sin z$ mit $z = ax + b$ auffassen und nach der Kettenregel differenzieren:

$$y' = \frac{\mathrm{d}y}{\mathrm{d}z} \cdot \frac{\mathrm{d}z}{\mathrm{d}x} = (\cos z) \cdot a = a \cdot \cos(ax+b)$$

Da in der Funktion $f(x)$ der Faktor a nicht auftritt, machen wir für die gesuchte Stammfunktion $F(x)$ den Ansatz:

$$F(x) = \frac{1}{a} \cdot \sin(ax+b)$$

$$F'(x) = \frac{1}{a} \cdot a \cdot \cos(ax+b) = \cos(ax+b) = f(x)$$

Die Funktion $f(x) = \cos(ax+b)$ hat die Stammfunktion $F(x) = \dfrac{1}{a} \cdot \sin(ax+b)$.

Ersetzt man im Funktionsterm $f(x)$ die Variable x durch die lineare Funktion $z = ax + b$, dann nennt man die Funktion $f(z) = f(ax+b)$ eine **lineare Abwandlung** der Funktion $f(x)$. Im Beispiel 2 ist $\sin(ax+b)$ eine lineare Abwandlung der Funktion $\sin x$.

Ist $F(x)$ eine Stammfunktion von $f(x)$, dann ist $\frac{1}{a} \cdot F(ax + b)$ eine Stammfunktion der Funktion $f(ax + b)$.

Beispiel 3

$F(x) = -\cos x$ ist eine Stammfunktion von $f(x) = \sin x$, denn es gilt: $F'(x) = -(-\sin x) = \sin x = f(x)$

Nach der obigen Regel ist dann $G(x) = -\frac{1}{a} \cdot \cos(ax + b)$ eine Stammfunktion von $g(x) = \sin(ax + b)$.

Aufgabe 1

Bestimmen Sie jeweils eine Stammfunktion $F(x)$ zu der gegebenen Funktion $f(x)$:

1.1 $f(x) = \sin(ax + b)$

1.2 $f(x) = (ax + b)^n$ mit $n \neq -1$

1.3 $f(x) = e^{ax + b}$

1.4 Zeigen Sie: $f(x) = \frac{1}{x}$ mit $D_f = \mathbb{R} \setminus \{0\}$ hat die Stammfunktion $F(x) = \ln|x|$.

1.5 $f(x) = \sqrt{ax + b}$; $ax + b \geqq 0$

Aufgabe 2

Bestätigen Sie die folgenden Aussagen durch Differenziation:

2.1 Ist $F(x)$ eine Stammfunktion von $f(x)$ und $G(x)$ eine Stammfunktion von $g(x)$, dann ist $F(x) + G(x)$ in $D_f = D_g$ eine Stammfunktion von $f(x) + g(x)$.

2.2 Ist $F(x)$ eine Stammfunktion von $f(x)$, dann ist in D_f die Funktion $k \cdot F(x)$ mit $k \in \mathbb{R}$ eine Stammfunktion von $k \cdot f(x)$.

Aufgabe 3

Bestimmen Sie jeweils eine Stammfunktion $F(x)$ zu $f(x)$:

3.1 $f(x) = x^3 - 4x^2 + 3x - 5$

3.2 $f(x) = \sin x + \cos x$

3.3 $f(x) = 5e^x - 3e^{2x} + x^6$

1.2 Eigenschaften der Stammfunktionen

Ist die Funktion $F_1(x)$ in D_f eine Stammfunktion von $f(x)$, gilt also $F_1'(x) = f(x)$, dann ist für jede reelle Zahl C auch die Funktion $F_2(x) = F_1(x) + C$ eine Stammfunktion von $f(x)$.
Die Begründung dafür folgt unmittelbar durch Differenziation:

$$F_2'(x) = [F_1(x) + C]' = F_1'(x) + 0 = F_1'(x) = f(x)$$
$$F_2'(x) = f(x)$$

Wegen $F_2'(x) = f(x)$ ist $F_2(x)$ daher eine Stammfunktion von $f(x)$.

Wir wissen also: Ist $F_1(x)$ eine beliebige Stammfunktion von $f(x)$, dann ist auch $F_1(x) + C$ eine Stammfunktion von $f(x)$.

Unklar ist allerdings noch, ob wir jede Stammfunktion von $f(x)$ in der Form $F_1(x) + C$ darstellen können und ob die Konstante C eindeutig bestimmt ist. Die Antwort gibt uns der folgende Satz:

Ist $F_1(x)$ eine beliebige Stammfunktion von $f(x)$ und ist D_f ein *Intervall* (= zusammenhängende Punktmenge ohne Lücken), so kann man in diesem Intervall *jede* Stammfunktion $F(x)$ von $f(x)$ durch $F(x) = F_1(x) + C$ mit einem bestimmten $C \in \mathbb{R}$ darstellen.

Beweis:

Die Gleichung $F(x) = F_1(x) + C$ ist äquivalent zur Gleichung $F(x) - F_1(x) = C$.
Wir müssen also zeigen, dass die Differenz $F(x) - F_1(x)$ auf einem Intervall eine eindeutig bestimmte Konstante C ist.
Wir führen den Beweis, indem wir annehmen, dass die Differenz $F(x) - F_1(x)$ eine Funktion $D(x)$ ist, und dann zeigen, dass $D(x)$ eine konstante Funktion ist.

Annahme: $D(x) = F(x) - F_1(x)$

Wir differenzieren nun auf beiden Seiten der Gleichung und erhalten:

$$D'(x) = F'(x) - F_1'(x)$$

Aus $F'(x) = [F_1(x) + C]' = F_1'(x) + 0 = F_1'(x)$ erhalten wir $F'(x) - F_1'(x) = 0$ für alle $x \in D_f$. Damit gilt:

$D'(x) = 0$ für alle $x \in D_f$

Nach dem globalen Monotoniesatz (vergleiche Abschnitt 2.3.3 in Analysis 2) kann die Funktion $D(x)$ wegen $D'(x) = 0$ für alle x auf einem *Intervall* weder monoton steigend noch monoton fallend sein. Die Funktion $D(x)$ muss auf diesem Intervall eine eindeutig bestimmte konstante Funktion $D(x) = C$ sein.

Aus $D(x) = F(x) - F_1(x) = C \quad (C \in \mathbb{R})$ folgt dann:
$F(x) = F_1(x) + C$ und der Satz ist damit bewiesen.

Wie wir eben gezeigt haben, kann man auf einem *Intervall* mithilfe einer beliebigen Stammfunktion $F_1(x)$ jede Stammfunktion $F(x)$ von $f(x)$ darstellen durch $F(x) = F_1(x) + C$.
Wir können auch sagen: Auf einem *Intervall* unterscheiden sich zwei beliebige Stammfunktionen $F_1(x)$ und $F_2(x)$ durch eine bestimmte additive Konstante $C \in \mathbb{R}$.

Dass die letzte Feststellung aber falsch ist, wenn die Definitionsmenge D_f der Funktion $f(x)$ *Lücken* hat, sehen wir im folgenden Beispiel.

Die Funktionen $F_2(x) = -\frac{1}{x}$ mit $D_F = \mathbb{R}\setminus\{0\}$ und

$$F_1(x) = \begin{cases} -\frac{1}{x} & \text{für } x > 0 \\ -\frac{1}{x} + 5 & \text{für } x < 0 \end{cases}$$

sind jeweils Stammfunktionen von $f(x) = \frac{1}{x^2}$ mit $D_f = \mathbb{R}\setminus\{0\}$,

da $F_2'(x) = F_1'(x) = \frac{1}{x^2}$ für $x \neq 0$ gilt.

Fall $x > 0$: $F_2(x) - F_1(x) = -\frac{1}{x} - \left(-\frac{1}{x}\right) = 0$

Fall $x < 0$: $F_2(x) - F_1(x) = -\frac{1}{x} - \left(-\frac{1}{x} + 5\right) = -\frac{1}{x} + \frac{1}{x} - 5 = -5$

Ergebnis:

Die Differenz der Stammfunktionen $F_2(x) - F_1(x)$ ist in der Definitionsmenge $D_f = \mathbb{R}\setminus\{0\}$ *keine* einheitliche Konstante C.

Bedeutung der Konstanten C:

Die Graphen aller Funktionen $F(x) = F_1(x) + C$ mit $C \in \mathbb{R}$ entstehen aus dem Graphen der Funktion $F_1(x)$ durch eine Verschiebung dieses Graphen parallel zur y-Achse.

In Figur 1 (nächste Seite) sind einige Graphen der Schar von Stammfunktionen $F(x) = -\frac{1}{2}x^3 + \frac{3}{2}x^2 + C$ der Funktion $f(x) = -\frac{3}{2}x^2 + 3x$ eingetragen.

Kennen wir von einer gesuchten Funktion $F(x)$ ihre Ableitung $F'(x) = f(x)$ und sind die Koordinaten eines Punktes des Graphen von F bekannt, dann können wir den Funktionsterm $F(x)$ bestimmen, wenn D_f ein Intervall ist. Die gesuchte Funktion $F(x)$ ist dann eine bestimmte Funktion aus der Schar $F(x) = F_1(x) + C$, in der $F_1(x)$ eine beliebige Stammfunktion der Funktion $f(x)$ ist.

Figur 1

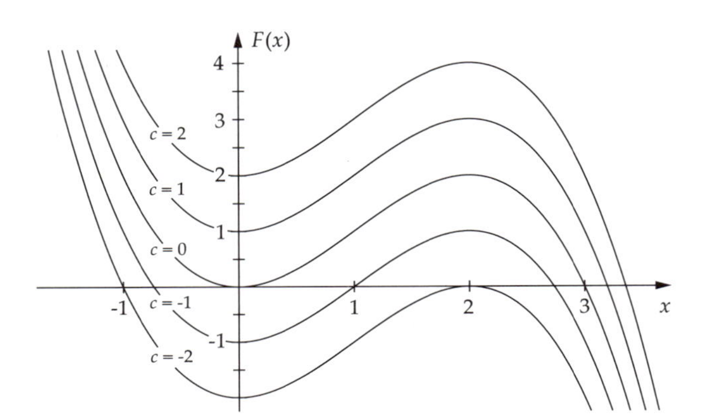

Gesucht ist der Funktionsterm $F(x)$ der in $\mathbb{R}^+$ erklärten Funktion F mit der Ableitung $F'(x) = \frac{1}{x}$. Außerdem ist noch bekannt, dass der Graph von F den Punkt $P(\mathrm{e}; 3)$ enthält.

Wegen $F'(x) = \frac{1}{x}$ ist zum Beispiel $F_1(x) = \ln x$ eine beliebige Stammfunktion von $F'(x) = f(x)$. Die Menge aller Stammfunktionen $F(x)$ von $f(x)$ ist daher gegeben durch:

$F(x) = F_1(x) + C$ mit $F_1(x) = \ln x$ und $C \in \mathbb{R}$
$F(x) = \ln x + C$ | $P(\mathrm{e}; 3)$ einsetzen:
$3 = \ln \mathrm{e} + C$ | $\ln \mathrm{e} = 1$
$3 = 1 + C$
$2 = C$

Mit $C = 2$ erhalten wir aus der Schar $F(x) = \ln x + C$ die gesuchte Funktion $F(x) = \ln x + 2$ mit $D_F = \mathbb{R}^+$.

Sind von einer Funktion F die Ableitung $F'(x)$ und ein Kurvenpunkt bekannt, dann können wir den Graphen von F näherungsweise konstruieren:

Der Graph einer in $\mathbb{R}^+$ erklärten Funktion F enthält den Punkt $P(1; 0)$ und es ist $F'(x) = \frac{1}{x}$.

Durch die Ableitung $F'(x) = \frac{1}{x}$ ist an jeder Stelle $x > 0$ der Wert der Ableitung und damit auch die Steigung des Graphen von F festgelegt.
Zum Beispiel gilt für $x = 1$: $F'(1) = \frac{1}{1} = 1$

Da der Graph von F an der Stelle $x = 1$ die Steigung 1 hat, zeichnen wir zur $F(x)$-Achse eine Parallele durch $x = 1$ und tragen für ausgewählte Punkte dieser Geraden kleine Strecken (= Richtungselemente) mit der Steigung 1 ein. Für die Stelle $x = 2$ gilt $F'(2) = \frac{1}{2}$ und die Richtungselemente auf der Geraden $x = 2$ haben die Steigung $\frac{1}{2}$.

Zeichnen wir nun die Richtungselemente für $x = \frac{1}{2}; 1; 2; \ldots; 7$ in ein Koordinatensystem auf den zugehörigen Geraden ein, dann erhalten wir das so genannte **Richtungsfeld** für die Funktion F.
Vom Punkt $P(1;\, 0)$ ausgehend können wir nun den Graphen von F näherungsweise skizzieren. Wir müssen dabei nur beachten, dass der Anstieg des Graphen so zu wählen ist, dass dann in jedem Kurvenpunkt die Tangente des Graphen dieselbe Steigung wie das zugehörige Richtungselement hat. Wählt man den Abstand zwischen den Parallelen zur $F(x)$-Achse genügend klein, dann kann man den Graphen von F auch recht genau zeichnen.

In der Figur 2 sehen Sie einen Ausschnitt aus dem Richtungsfeld und den Graphen der Funktion $F(x) = \ln x$, der durch den Punkt $P(1;\, 0)$ geht.

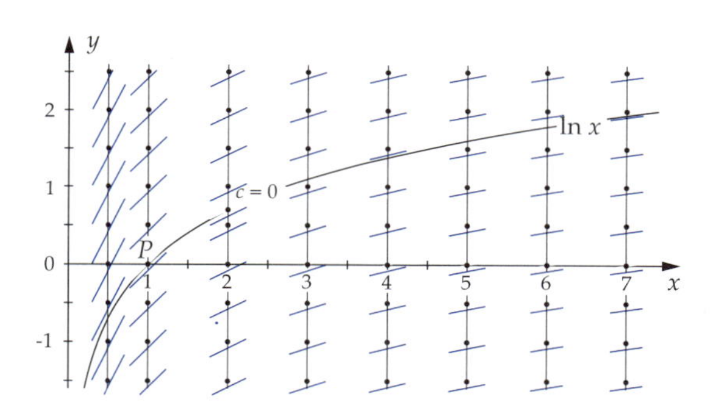

Figur 2

Aufgabe 4

Bestimmen Sie jeweils die Stammfunktion $F(x)$ von $f(x)$, wenn der Graph von F den Punkt P enthält:

4.1 $f(x) = 3x^2 - 5x + 7;\;\; P\left(3;\, \frac{1}{2}\right)$

4.2 $f(x) = 5 \cdot \sin x - x^2 + 3;\;\; P(0; -3)$

4.3 $f(x) = (3x + 2)^5 - x^{17};\;\; P(1; 0)$

Aufgabe 5

Bestimmen Sie zu $f(x) = 3\,(x - a)\,(x + a) - a^2$ mit $a \neq 0$ die Stammfunktion $F(x)$, für die gilt: $F(a) = 2a^3$

Aufgabe 6 Von der in $\mathbb{R}^+$ erklärten Funktion f ist die zweite Ableitung $f''(x) = -\frac{2}{x^2} + 2$ bekannt.

Wie lautet der Funktionsterm $f(x)$, wenn der Graph von f den Wendepunkt $W(x_W; 4)$ und den Extrempunkt $E(2; y_E)$ hat? Berechnen Sie auch die fehlenden Koordinaten x_W und y_E.

Aufgabe 7 Von einer in $\mathbb{R}$ erklärten ganzrationalen Funktion f ist die zweite Ableitung $f''(x) = 1$ gegeben. Außerdem ist bekannt, dass der Graph von f die Punkte $A(0; -2)$ und $B(2; 6)$ enthält.

Bestimmen Sie den Funktionsterm $f(x)$.

1.3 Unbestimmtes Integral

Eine Vorbemerkung zu diesem Abschnitt:

Wie Sie gleich sehen werden, ist der Begriff des **unbestimmten Integrals** in der Mathematik eigentlich überflüssig und daher in einigen Lehrplänen auch nicht mehr enthalten.

In Abschnitt 1.2 hatten wir gezeigt, dass sich auf einem Intervall (= zusammenhängende Punktmenge ohne Lücken) zwei beliebige Stammfunktionen $F_1(x)$ und $F_2(x)$ der Funktion $f(x)$ nur durch eine bestimmte Konstante $C \in \mathbb{R}$ unterscheiden.
Mit anderen Worten: Ist $F(x)$ eine beliebige Stammfunktion von $f(x)$ und D_f ein Intervall, dann ist jede Stammfunktion der Funktion $f(x)$ in der Schar $F(x) + C$ enthalten. Nur um diese Schar von Stammfunktionen zu bezeichnen, hat man den Begriff des unbestimmten Integrals eingeführt.

Unter dem **unbestimmten Integral** $\int f(x)\,dx$ versteht man die Menge aller Stammfunktionen der auf einem Intervall erklärten Funktion $f(x)$.

$\int f(x)\,dx = F(x) + C$ mit $F'(x) = f(x)$ und $C \in \mathbb{R}$

Die Konstante C heißt **Integrationskonstante**.

Das Symbol $\int f(x)\,dx$ (lies: *unbestimmtes Integral über* $f(x)dx$) bekommt erst mit den Abschnitten 2.2.3 und 4.1.2 einen Sinn.

Die Schreibweise $\int f(x)\,dx = F(x) + C$ ist historisch bedingt. Mit ihr wird nur formelmäßig zum Ausdruck gebracht, dass $[F(x) + C]' = F'(x) = f(x)$ ist. Keinesfalls dürfen Sie $\int f(x)\,dx = F(x) + C$ als eine Gleichung im algebraischen Sinn auffassen.

Andernfalls würden Sie zum Beispiel aus $\int 2x\mathrm{d}x = x^2 + 3$ und $\int 2x\mathrm{d}x = x^2 - 5$ über $\int 2x\mathrm{d}x = \int 2x\mathrm{d}x$ die Gleichung $x^2 + 3 = x^2 - 5$ und daraus die falsche Aussage $3 = -5$ erhalten.

In der Formelsammlung sind die Stammfunktionen von Grundfunktionen als unbestimmte Integrale angegeben.

$$\int x^n \mathrm{d}x = \frac{1}{n+1} \cdot x^{n+1} + C \quad (n \in \mathbb{R} \setminus \{-1\})$$

$$\int \sin x \, \mathrm{d}x = -\cos x + C$$

$$\int \mathrm{e}^x \mathrm{d}x = \mathrm{e}^x + C$$

$$\int \cos x \, \mathrm{d}x = \sin x + C$$

$$\int \frac{1}{x} \, \mathrm{d}x = \ln |x| + C \quad (x \neq 0)$$

2. Das bestimmte Integral

2.1 Eigenschaften stetiger Funktionen

Eine Vorbemerkung zu diesem Abschnitt:

Für die Beweisführung in Abschnitt 2.2.2 benötigen wir in Teilintervallen des abgeschlossenen Intervalls $[a; b]$ eine Abschätzung für die Differenz aus dem Maximum und dem Minimum der Funktionswerte. Um zu dieser Abschätzung zu gelangen, müssen wir zunächst die Definition der Stetigkeit einer Funktion durch eine neue, gleichwertige Erklärung ersetzen.

2.1.1 Neue Definition der Stetigkeit

Im Kapitel 8 des Bandes Analysis 1 (mentor Abiturhilfe Band 645) hatten wir die Stetigkeit einer Funktion besprochen und dort festgelegt:

Die Funktion f heißt an der Stelle $x_0 \in D_f$ stetig, wenn für $x \to x_0$ der Grenzwert der Funktionswerte $f(x)$ mit dem an der Stelle x_0 erklärten Funktionswert $f(x_0)$ übereinstimmt.

Ist x_0 eine innere Stelle eines Intervalls, dann sind in der Definition der Stetigkeit für $x \to x_0$ ausdrücklich die Annäherungen $x \downarrow x_0$ und $x \uparrow x_0$ zugelassen. Ist x_0 eine Randstelle des Intervalls, dann können wir uns der Stelle x_0 nur vom Innern des Intervalls her nähern und sprechen dann von einseitiger Stetigkeit der Funktion f in der betreffenden Randstelle.

Die obige Erklärung der Stetigkeit durch $\lim\limits_{x \to x_0} f(x) = f(x_0)$ ist gleichbedeutend mit der folgenden neuen Definition:

Die Funktion f heißt an der Stelle $x_0 \in D_f$ stetig, wenn sich zu jeder noch so kleinen positiven Zahl ε eine positive Zahl δ finden lässt, sodass die Ungleichungen $|f(x) - f(x_0)| < \varepsilon$ und $|x - x_0| < \delta$ gelten.

Um diese neue Definition geometrisch zu interpretieren, lösen wir zunächst die Betragsungleichungen:

$$|x - x_0| < \delta \quad \Leftrightarrow \quad x - x_0 < \delta \quad \wedge \quad x - x_0 > -\delta$$
$$x < x_0 + \delta \quad \wedge \quad x > x_0 - \delta$$

$$\text{also:} \quad x_0 - \delta < x < x_0 + \delta$$

Ebenso:

$$|f(x) - f(x_0)| < \varepsilon \quad \Leftrightarrow \quad f(x_0) - \varepsilon < f(x) < f(x_0) + \varepsilon$$

Den Inhalt der neuen Definition der Stetigkeit können wir nun geometrisch anschaulich so beschreiben:

Die Funktion f heißt an der Stelle x_0 stetig, wenn sich ein $\delta > 0$ so bestimmen lässt, dass für $x \in]x_0 - \delta, x_0 + \delta[$ die Abweichung der Funktionswerte $f(x)$ von $f(x_0)$ beliebig klein gemacht werden kann.

In der Figur 3 sehen Sie, wie man nach Vorgabe von $\varepsilon > 0$ das zur Stelle x_0 gehörende δ konstruktiv bestimmen kann.

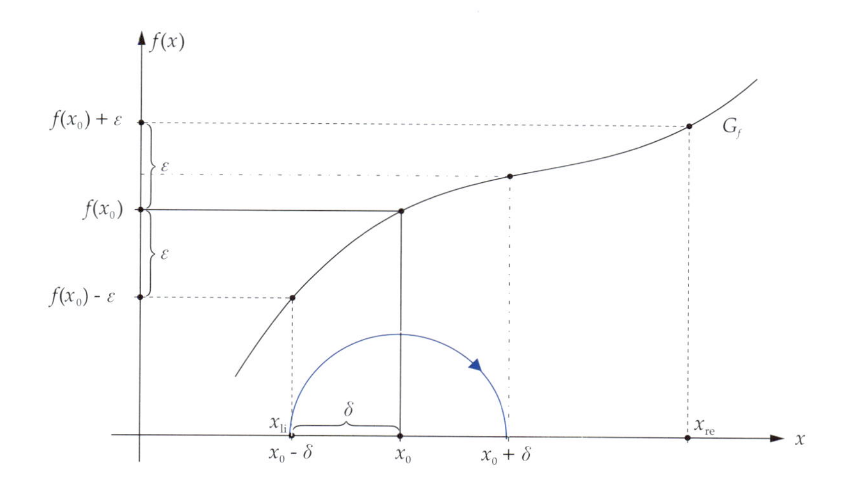

Figur 3

Mit einem vorgegebenen $\varepsilon > 0$ grenzen wir auf der $f(x)$-Achse das offene Intervall $]f(x_0) - \varepsilon; f(x_0) + \varepsilon[$ ab.
Zu den Funktionswerten $f(x_0) - \varepsilon$ und $f(x_0) + \varepsilon$ gehören auf der x-Achse die Stellen x_{li} und x_{re}, die im allgemeinen *nicht* symmetrisch zur Stelle x_0 liegen.
Für jede Wahl von $x \in]\, x_{li}\, ; x_{re}[$ liegen dann die zugehörigen Funktionswerte $f(x)$ zwischen $f(x_0) - \varepsilon$ und $f(x_0) + \varepsilon$.

Damit wir nun ein um die Stelle x_0 symmetrisch gelegenes Intervall erhalten, müssen wir für δ den kleineren der beiden Abstände der Stelle x_0 von den Randstellen x_{li} und x_{re} wählen. Vergleichen Sie dies in der Figur 3.
Für $x \in]x_0 - \delta, x_0 + \delta[$ gilt dann erst recht die Ungleichung $|f(x) - f(x_0)| < \varepsilon$.

Abschätzung der Differenz zweier Funktionswerte

2.1.2

Wir zeigen nun, dass bei beliebiger Wahl von *zwei* Stellen x_1 und x_2 aus dem Intervall $]x_0 - \delta; x_0 + \delta[$ auch die Differenz der Funktionswerte $f(x_1) - f(x_2)$ dem Betrag nach beliebig klein gemacht werden kann. Dabei kann die Stelle x_0 eine innere Stelle des Intervalls $[a; b]$ oder eine Randstelle sein.

Die Funktion f ist nach Voraussetzung an der Stelle x_0 stetig. Wir können deswegen nach beiden Seiten um x_0 das Intervall $]x_0 - \delta; x_0 + \delta[$ abgrenzen (oder, falls x_0 eine Randstelle ist, nach einer Seite), sodass für beliebige Stellen x_1 und x_2 aus diesem Intervall die beiden Ungleichungen $|f(x_1) - f(x_0)| < \varepsilon$ und $|f(x_2) - f(x_0)| < \varepsilon$ gelten.

Für $f(x_1) - f(x_2)$ schreiben wir $f(x_1) - f(x_0) - [f(x_2) - f(x_0)]$ und schätzen dann mithilfe der Formel $|A - B| \leqq |A| + |B|$ wie folgt ab:

$$|f(x_1) - f(x_2)| = |f(x_1) - f(x_0) - [f(x_2) - f(x_0)]| \leqq$$
$$\leqq |f(x_1) - f(x_0)| + |f(x_2) - f(x_0)| < \varepsilon + \varepsilon = 2 \cdot \varepsilon$$

also: $|f(x_1) - f(x_2)| < 2 \cdot \varepsilon$ mit $x_1;\ x_2 \in]x_0 - \delta; x_0 + \delta[$

Das heißt aber:
Für zwei beliebige Stellen x_1 und x_2, die in der δ-Umgebung der Stelle x_0 liegen, kann die Differenz der zugehörigen Funktionswerte dem Betrag nach beliebig klein gemacht werden, denn auch $2 \cdot \varepsilon$ ist eine Obergrenze, die immer unterschritten werden kann.

2.1.3 Gleichmäßige Stetigkeit

In der in Abschnitt 2.1.1 angegebenen neuen Definition der Stetigkeit ist nach Vorgabe von $\varepsilon > 0$ die Ungleichung $|f(x) - f(x_0)| < \varepsilon$ für $|x - x_0| < \delta$ erfüllt. Dabei ist die positive Zahl $\delta > 0$ von der Wahl der Stelle x_0 abhängig.

Ist aber die Funktion f auf einem *abgeschlossenen* Intervall $[a; b]$ erklärt und stetig, so kann man beweisen, dass in der obigen Definition der Stetigkeit zu jedem $\varepsilon > 0$ ein bestimmtes kleinstes $\delta > 0$ existiert, welches von der Stelle x_0 unabhängig ist. Mit anderen Worten: Man kommt mit *einem* bestimmten kleinsten δ für das ganze Intervall $[a; b]$ aus!

In der Mathematik formuliert man diesen Sachverhalt als Lehrsatz:

Eine im *abgeschlossenen* Intervall $[a; b]$ erklärte und stetige Funktion f ist dort gleichmäßig stetig.

Wir werden diesen Satz nicht beweisen, sondern nur in einem Beispiel zeigen, dass er in einem halboffenen Intervall *nicht* gilt.

Gegeben ist die Funktion $f(x) = \sin \frac{1}{x}$ mit $D_f = \left\{x \mid 0 < x \leqq \frac{2}{\pi}\right\}$.

Die Funktion $f(x)$ ist an allen inneren Stellen und an der rechten Randstelle der Definitionsmenge stetig. Interessant ist der Fall, dass wir uns aus dem Innern der Definitionsmenge der Stelle $x = 0$, die *nicht* zum Intervall gehört, nähern. Dazu brauchen wir zwei bewegliche Stellen x_n und x_{0n}, die beide von rechts

her gegen $x = 0$ streben. Außerdem sollen die Funktionswerte $f(x_n)$ und $f(x_{0n})$ bequem auszurechnen sein.
Wir entscheiden uns für folgende Wahl:

$$x_n = \frac{1}{n \cdot \pi} \quad \text{und} \quad x_{0n} = \frac{2}{(2n+1) \cdot \pi}; \quad n = 1; 2, 3; \ldots$$

$$|x_n - x_{0n}| = \left| \frac{1}{n \cdot \pi} - \frac{2}{(2n+1) \cdot \pi} \right| = \left| \frac{2n+1-2n}{n(2n+1) \cdot \pi} \right| = \frac{1}{n(2n+1) \cdot \pi}$$

$$|x_n - x_{0n}| = \frac{1}{n(2n+1) \cdot \pi} = \delta$$

Es gilt also: $\delta \to 0$ für $n \to \infty$

Wir können auch so sagen: Die beiden Stellen x_n und x_{0n} rücken immer näher zusammen und bewegen sich beide auf die Stelle $x = 0$ zu.
Für den Differenzbetrag der zugehörigen Funktionswerte erhalten wir:

$$|f(x_n) - f(x_{0n})| = \left| \sin n \cdot \pi - \sin\left[(2n+1) \cdot \frac{\pi}{2}\right] \right| = |\pm 1| = 1, \text{ da } \sin n \cdot \pi = 0$$

und die Sinusfunktion von ungeraden Vielfachen von $\frac{\pi}{2}$ den Wert 1 oder – 1 hat.

Wegen $|f(x_n) - f(x_{0n})| = 1$ können wir zum Beispiel ein festes $\varepsilon = 1$ *nicht* unterschreiten, obwohl $\delta \to 0$ geht.

Folgerungen für gleichmäßig stetige Funktionen 2.1.4

Im Abschnitt 2.1.2 hatten wir gesehen, dass die Differenz $f(x_1) - f(x_2)$ dem Betrag nach beliebig klein gemacht werden kann, wenn die Stellen x_1 und x_2 in der δ-Umgebung der Stelle x_0 liegen, wobei δ noch von der Wahl der Stelle x_0 abhängt.

Im abgeschlossenen Interval $[a; b]$ ist eine stetige Funktion f aber gleichmäßig stetig, das heißt, es gibt ein bestimmtes kleinstes δ für alle Stellen des Intervalls. Mit diesem δ können wir nun das Intervall $[a; b]$ in Teilintervalle mit einer Länge kleiner als $2 \cdot \delta$ zerlegen, sodass der Unterschied der Funktionswerte an zwei beliebigen Stellen x_1 und x_2 eines *jeden* Teilintervalls dem absoluten Betrag nach kleiner als $2 \cdot \varepsilon$, also beliebig klein, ist.

Es gilt daher $|f(x_1) - f(x_2)| < 2 \cdot \varepsilon$ für beliebige Wahl der Stellen x_1 und x_2 aus einem Teilintervall mit der Länge kleiner als $2 \cdot \delta$.

Wir wenden nun dieses Ergebnis auf eine im Intervall $[a; b]$ stetige Funktion an:

Zunächst zerlegen wir das Intervall $[a; b]$ in beliebiger Weise in n abgeschlossene Teilintervalle $[a_{k-1}; a_k]$ ($k = 1; 2; \ldots ; n$, $a_0 = a$; $a_n = b$) und achten darauf, dass deren Längen $(\Delta x)_k = a_k - a_{k-1}$ *alle* kleiner als $2 \cdot \delta$ sind. Die Zahl $\delta > 0$ ist dabei das bestimmte kleinste δ.
In der Figur 5 sehen Sie eine solche Aufteilung in Teilintervalle.

Da eine auf $[a; b]$ stetige Funktion f auch in jedem dieser Teilintervalle stetig ist, nimmt sie nach dem Extremwertsatz in jedem Teilintervall sowohl einen größten wie auch einen kleinsten Funktionswert an. (Vergleichen Sie dazu den Abschnitt 8.5 des Bandes Analysis 1.)

Nun treffen wir für die Stellen x_1 und x_2 mit $|f(x_1) - f(x_2)| < 2 \cdot \varepsilon$ eine bestimmte Wahl:
Bezeichnen wir im k-ten Teilintervall mit x_1 die Stelle, an der die Funktion f das Maximum M_k und mit x_2 die Stelle, an der die Funktion f das Minimum m_k annimmt, dann gilt:

$$|f(x_1) - f(x_2)| = |M_k - m_k| = M_k - m_k < 2 \cdot \varepsilon$$

Die Betragsstriche können entfallen, da wegen $M_k \geqq m_k$ die Abschätzung $M_k - m_k \geqq 0$ gilt.

Ergebnis:

Nach Vorgabe eines beliebigen $\varepsilon > 0$, das für alle Teilintervalle gilt, kann in jedem Teilintervall die Differenz $M_k - m_k$ beliebig klein gemacht werden, da die Obergrenze $2 \cdot \varepsilon$ immer unterschritten werden kann. Die Länge der Teilintervalle ($< 2 \cdot \delta$) ist durch das bestimmte kleinste δ der gleichmäßig stetigen Funktion f festgelegt.

2.2 RIEMANN'sche Summen

2.2.1 Erklärung der RIEMANN'schen Summe

Die Berechnung des Flächeninhaltes ebener Figuren, die durch Streckenzüge begrenzt sind, wurde in der Mittelstufe behandelt. Durch Zerlegen der gegebenen Fläche in Dreiecke und Berechnung der Flächeninhalte der einzelnen Dreiecke mithilfe der bekannten Formeln konnte der gesuchte Flächeninhalt solcher Figuren ermittelt werden. In einfacheren Fällen genügte die Berechnung der Flächeninhalte von Quadraten, Rechtecken oder Parallelogrammen.

Figur 4

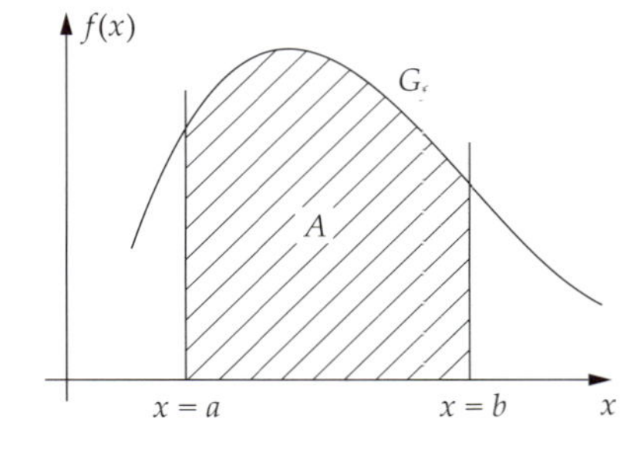

Fast unlösbar erscheint uns zunächst die Berechnung der Fläche A einer ebenen Figur, die zum Beispiel oben durch den Graphen einer Funktion f, unten von einem Teil der x-Achse und seitlich von Teilen der Geraden $x = a$ und $x = b$ begrenzt wird. Vergleichen Sie die Figur 4.

Als Vorstufe zur exakten Berechnung dieser Fläche werden wir im Folgenden eine Methode zur *angenäherten* Bestimmung von Flächeninhalten kennen lernen, deren Anfänge sich bis auf ARCHIMEDES zurück verfolgen lassen.

Wir betrachten eine Funktion f, die auf dem Intervall $[a; b]$ *stetig* ist. Zur Unterstützung der Anschauung nehmen wir den in der Figur 5 eingezeichneten Verlauf des Graphen von f an.

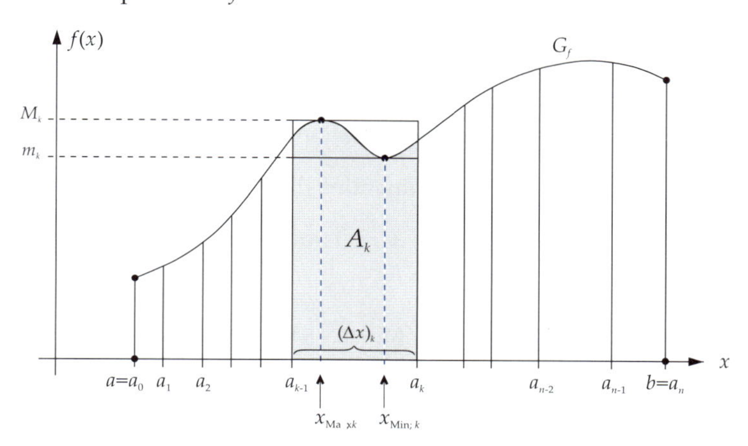

Figur 5

Gesucht ist in der Figur 5 der Inhalt A des Flächenstückes, das zwischen der x-Achse, dem Graphen von f und den beiden zur y-Achse parallelen Geraden $x = a$ und $x = b$ liegt.
Durch Einfügen von $n - 1$ inneren Teilpunkten $a_1; a_2; \ldots; a_{k-1}; a_k; \ldots; a_{n-1}$ zerlegen wir das Intervall $[a; b]$ in n Teilintervalle *verschiedener* Länge. Mit $a = a_0$ und $b = a_n$ gilt dann:

Teilintervall 1: $[a_0; a_1]$; Länge $(\Delta x)_1 = a_1 - a_0$
Teilintervall 2: $[a_1; a_2]$; Länge $(\Delta x)_2 = a_2 - a_1$
⋮
Teilintervall k: $[a_{k-1}; a_k]$; Länge $(\Delta x)_k = a_k - a_{k-1}$
⋮
Teilintervall n: $[a_{n-1}; a_n]$; Länge $(\Delta x)_n = a_n - a_{n-1}$

Die Parallelen zur y-Achse durch die einzelnen Teilpunkte $a_1; a_2; \ldots; a_{n-1}$ zerschneiden die gesamte Fläche A in einzelne Teilflächen. Die Teilfläche A_k wird von der x-Achse, dem Graphen von f und den beiden Geraden $x = a_{k-1}$ und $x = a_k$ begrenzt. In der Figur 5 ist dies die Teilfläche A_k über dem Intervall $[a_{k-1}; a_k]$.

Eine Abschätzung für diese Teilfläche erhalten wir durch die folgende Überlegung:

Die Funktion f ist auf dem Intervall $[a; b]$ und damit auch auf dem Teilintervall $[a_{k-1}; a_k]$ *stetig*. Nach dem Extremwertsatz für stetige Funktionen (vergleiche dazu Abschnitt 8.5 in Analysis 1) nimmt die Funktion f auf dem Intervall $[a_{k-1}; a_k]$ sowohl einen kleinsten wie auch einen größten Funktionswert an. Die gesuchte Teilfläche über dem Intervall $[a_{k-1}; a_k]$ liegt also zwischen den Inhalten $f(x_{\text{Min};k}) \cdot (\Delta x)_k$ und $f(x_{\text{Max};k}) \cdot (\Delta x)_k$ der in der Figur 5 eingezeichneten Rechtecke.

Mit $f(x_{\text{Min};k}) = m_k$ und $f(x_{\text{Max};k}) = M_k$ können wir A_k wie folgt abschätzen:

$$m_k \cdot (\Delta x)_k \leqq A_k \leqq M_k \cdot (\Delta x)_k \qquad (k = 1; 2; \ldots; n)$$

Durch Summation von $k = 1$ bis $k = n$ erhalten wir:

$$\sum_{k=1}^{n} m_k \cdot (\Delta x)_k \leqq A \leqq \sum_{k=1}^{n} M_k \cdot (\Delta x)_k$$

Unabhängig vom Vorzeichen der Funktionswerte $f(x)$ heißt die Summe $\sum_{k=1}^{n} m_k \cdot (\Delta x)_k$, bei der in jedem Summanden das Minimum m_k der Funktionswerte im Intervall $[a_{k-1}; a_k]$ gewählt wird, **Untersumme** U_n für die betrachtete Zerlegung des Intervalls $[a; b]$.

Entsprechend heißt die Summe $\sum_{k=1}^{n} M_k \cdot (\Delta x)_k$ **Obersumme** O_n.

Wir vermuten, dass bei einer immer feiner werdenden Zerlegung des Intervalls $[a; b]$ die Folge der Untersummen U_n und die Folge der Obersummen O_n einen gemeinsamen Grenzwert haben. Wenn dies zutrifft, dann hat auch jede zwischen U_n und O_n eingeschlossene **Zwischensumme** R_n denselben Grenzwert wie U_n und O_n.

Diese Zwischensumme R_n heißt eine **RIEMANN'sche Summe** (BERNHARD RIEMANN, 1826–1866) und wird folgendermaßen gebildet:

Für das k-te Intervall bilden wir das Produkt aus $(\Delta x)_k = a_k - a_{k-1}$ und dem Funktionswert $f(x_k)$ an einer beliebigen Stelle $x_k \in [a_{k-1}; a_k]$. Die Summe all dieser Produkte, die wir anhand der Figur 5 auch als Rechtecke interpretieren können, ist dann eine RIEMANN'sche Summe R_n für die Zerlegung des Intervalls $[a; b]$.

$$R_n = \sum_{k=1}^{n} f(x_k) \cdot (\Delta x)_k \quad \text{mit } x_k \in [a_{k-1}; a_k]$$

Wir sagen *eine* RIEMANN'sche Summe, da je nach Wahl der Stelle x_k im k-ten Interval beliebig viele solcher RIEMANN'scher Summen gebildet werden können.

Die Untersumme U_n und die Obersumme O_n sind demnach Spezialfälle von RIEMANN'schen Summen. Es gilt:

$$U_n = \sum_{k=1}^{n} m_k \cdot (\Delta x)_k \leqq \sum_{k=1}^{n} f(x_k) \cdot (\Delta x)_k \leqq \sum_{k=1}^{n} M_k \cdot (\Delta x)_k = O_n$$

Kurz: Jede RIEMANN'sche Summe R_n liegt zwischen der Untersumme U_n und der Obersumme O_n.

Grenzwert der RIEMANN'schen Summen 2.2.2

Wir zeigen nun, dass die in Abschnitt 2.2.1 erklärte Untersumme U_n und die Obersumme O_n denselben Grenzwert A haben, wenn die Zerlegung des Intervalls $[a; b]$ durch Hinzunahme weiterer Teilpunkte so verfeinert wird, dass dabei die Längen $(\Delta x)_k$ der Teilintervalle alle gegen null streben.

Der gemeinsame Grenzwert A der Folge der Untersummen U_n und Obersummen O_n existiert, wenn wir zeigen können, dass die Folge der Untersummen U_n bei Einfügen weiterer Teilpunkte monoton zunimmt, die Folge der Obersummen O_n monoton abnimmt und die Differenzenfolge $O_n - U_n$ eine Nullfolge ist.
Wir erhalten so eine Folge von Intervallen $[U_n; O_n]$, die ineinander geschachtelt sind und deren Längen schließlich beliebig klein werden. Diese Intervallschachtelung bestimmt dann genau eine reelle Zahl A, die der gemeinsame Grenzwert der Untersumme U_n und der Obersumme O_n ist.

Behauptung 1:

Die Folge der Untersummen U_n ist bei Einfügen weiterer Teilpunkte eine monoton zunehmende Folge.

Um dies nachzuweisen, genügt schon die Hinzunahme eines einzigen weiteren Teilpunktes a', der etwa im k-ten Intervall $[a_{k-1}; a_k]$ liegt und dieses Intervall in die beiden neuen Teilintervalle $[a_{k-1}; a']$ und $[a'; a_k]$ zerlegt.
Sind m' und m'' die Minima der Funktionswerte $f(x)$ in diesen beiden neuen Teilintervallen, dann wird der Summand $m_k \cdot (\Delta x)_k = m_k \cdot (a_k - a_{k-1})$ durch die Summe $m' \cdot (a' - a_{k-1}) + m'' \cdot (a_k - a')$ ersetzt.
Da m_k der kleinste Wert von $f(x)$ im k-ten Intervall ist, gilt für die neuen Minima $m' \geqq m_k$ und $m'' \geqq m_k$. Damit können wir aber wie folgt abschätzen:

$$m'(a' - a_{k-1}) + m''(a_k - a') \geqq m_k(a' - a_{k-1}) + m_k(a_k - a') = m_k(a' - a_{k-1} + a_k - a') = \\ = m_k(a_k - a_{k-1}) = m_k \cdot (\Delta x)_k$$

also: $m'(a' - a_{k-1}) + m''(a_k - a') \geqq m_k \cdot (\Delta x)_k$

Führen wir die obige Überlegung für alle Teilintervalle durch, in die neue Teilpunkte fallen, dann gilt:

Die Folge der Untersummen ist bei Verfeinerung der Zerlegung des Intervalls $[a; b]$ eine monoton zunehmende Folge.

Behauptung 2:

Die Folge der Obersummen O_n ist bei Verfeinerung der Zerlegung des Intervalls $[a; b]$ eine monoton fallende Folge.
Der Beweis verläuft analog zum Beweis der Behauptung 1.

Behauptung 3:

Die Differenzenfolge $O_n - U_n$ ist eine Nullfolge, wenn für $n \to \infty$ die Längen *aller* Teilintervalle gegen null streben.

$$0 \leqq O_n - U_n = \sum_{k=1}^{n} M_k \cdot (\Delta x)_k - \sum_{k=1}^{n} m_k \cdot (\Delta x)_k = \sum_{k=1}^{n} (M_k - m_k) \cdot (\Delta x)_k$$

$$0 \leqq O_n - U_n = \sum_{k=1}^{n} (M_k - m_k) \cdot (\Delta x)_k$$

In Abschnitt 2.1.3 hatten wir gezeigt, dass eine auf einem *abgeschlossenen* Intervall stetige Funktion dort *gleichmäßig stetig* ist.
Es gilt also in jedem Teilintervall $M_k - m_k < 2 \cdot \varepsilon$, wenn $(\Delta x)_k < 2 \cdot \delta$ erfüllt ist.

Entscheidend war in diesem Zusammenhang aber die Tatsache, dass für das abgeschlossene Intervall $[a; b]$ ein bestimmtes kleinstes δ gefunden werden kann, mit dem man für das ganze Intervall $[a; b]$ auskommt. Dieses δ wird bei einer Verfeinerung der Zerlegung des Intervalls $[a; b]$, bei der die Längen aller Teilintervalle gegen null streben, mit Sicherheit sogar unterschritten.
Wir können daher wie folgt abschätzen:

$$0 \leqq O_n - U_n = \sum_{k=1}^{n} (M_k - m_k) \cdot (\Delta x)_k < \sum_{k=1}^{n} 2 \cdot \varepsilon \cdot (\Delta x)_k = 2 \cdot \varepsilon \cdot \sum_{k=1}^{n} (\Delta x)_k =$$
$$= 2 \cdot \varepsilon \cdot [(\Delta x)_1 + (\Delta x)_2 + \ldots + (\Delta x)_n] = 2 \cdot \varepsilon \cdot (b - a)$$

also: $0 \leqq O_n - U_n < 2 \cdot \varepsilon (b - a)$

Da wir aber ε beliebig klein wählen können, kann die Obergrenze $2 \cdot \varepsilon \cdot (b - a)$ immer unterschritten werden. Die Differenzenfolge $O_n - U_n$ muss daher für $n \to \infty$ gegen null gehen.

Ergebnis:

Mit dem Nachweis der Behauptungen 1 – 3 ist $[U_n; O_n]$ eine Intervallschachtelung, die genau eine reelle Zahl A festlegt.

Wegen $U_n \leqq R_n \leqq O_n$ und $U_n \leqq A \leqq O_n$ streben für $n \to \infty$ *alle* RIEMANN'schen Summen R_n gegen denselben Grenzwert A.

Für den in der Figur 5 angenommenen Verlauf des Graphen der Funktion f oberhalb der x-Achse ist in der RIEMANN'schen Summe R_n jeder Summand $f(x_k) \cdot (\Delta x)_k$ *positiv*, da $f(x_k) > 0$ und $(\Delta x)_k = a_k - a_{k-1} > 0$ sind. Wir erhalten in diesem Fall $A > 0$ für den Grenzwert der RIEMANN'schen Summen und sagen, dass die in der Figur 5 eingezeichnete Fläche den Inhalt A hat.

Bemerkung:

Liegt der Graph einer Funktion $g(x)$ ganz unterhalb der x-Achse und verwenden wir dieselbe Zerlegung des Intervalls $[a; b]$ wie in unserem obigen Beispiel, dann ist jetzt jeder Summand $g(x_k) \cdot (\Delta x)_k$ in der RIEMANN'schen Summe R_n *negativ*, da $g(x_k) < 0$ ist, aber $(\Delta x)_k = a_k - a_{k-1} > 0$ bleibt.

Wir erhalten in diesem Fall $A < 0$ für den Grenzwert der RIEMANN'schen Summen und könnten dann $-A > 0$ für den Inhalt der Fläche festlegen. Wir werden uns im Kapitel 6 ausführlich mit der Berechnung von Flächeninhalten beschäftigen.

Grenzwertdarstellung des bestimmten Integrals 2.2.3

Mit den Ergebnissen aus den Abschnitten 2.2.1 und 2.2.2 gilt:

Ist die Funktion f auf dem abgeschlossenen Intervall $[a; b]$ *stetig*, dann haben *alle* RIEMANN'schen Summen $R_n = \sum_{k=1}^{n} f(x_k) \cdot (\Delta x)_k$ denselben Grenzwert A, wenn für $n \to \infty$ die Längen $(\Delta x)_k$ aller Teilintervalle gegen null streben.

$$A = \lim_{n \to \infty} \sum_{k=1}^{n} f(x_k) \cdot (\Delta x)_k$$

Den Grenzwert A haben wir dabei durch einen so genannten **Integrationsprozess** (= Aufbauprozess) festgelegt. Rückblickend können wir den Integrationsprozess auch so beschreiben:

Schritt 1:

Das Intervall $[a; b]$ wird durch Einfügen von $n - 1$ inneren Teilpunkten $a_1; a_2; \ldots; a_{n-1}$ in n Teilintervalle mit verschiedenen Längen zerlegt.

Schritt 2:

Für jedes der Teilintervalle bildet man das Produkt aus der Länge $(\Delta x)_k$ des Intervalls und einem Funktionswert $f(x_k)$ mit $x_k \in [a_{k-1}; a_k]$, also: $f(x_k) \cdot (\Delta x)_k$

Schritt 3:

Wir bilden die Summe aller Produkte aus Schritt 2:

$$\sum_{k=1}^{n} f(x_k) \cdot (\Delta x)_k$$

Schritt 4:

Nun bilden wir den Grenzwert der Summen aus Schritt 3:

$$\lim_{n \to \infty} \sum_{k=1}^{n} f(x_k) \cdot (\Delta x)_k = A$$

Das Ergebnis des Integrationsprozesses heißt das **bestimmte Integral** von $f(x)$ über dem Intervall $[a; b]$ oder auch zwischen den Grenzen a und b.

$$A = \lim_{n \to \infty} \sum_{k=1}^{n} f(x_k) \cdot (\Delta x)_k = \int_a^b f(x)\,\mathrm{d}x$$

Der Mathematiker sagt, dass das bestimmte Integral $\int_a^b f(x)\,\mathrm{d}x$ durch eine Grenzwertdarstellung erklärt ist.

Das Integralzeichen $\int$ ist ein stilisiertes S und erinnert an die ausgeführte Summation.
Die Zahlen a und b sind die **Integrationsgrenzen**. Man nennt a die untere und b die obere Integrationsgrenze, da die Zahl a unten und die Zahl b oben am Integralzeichen steht.

Keinesfalls dürfen Sie daraus $a < b$ schließen!

Der Funktionsterm $f(x)$ heißt der **Integrand** oder auch die **Integrandenfunktion**. Diese dürfen Sie nicht mit der im Abschnitt 4.1.1 zu besprechenden Integralfunktion verwechseln.

Das Symbol dx ist *kein* Produkt aus d und x, es kennzeichnet lediglich die Variable x als **Integrationsvariable**. Die Integrationsvariable kann beliebig genannt werden, da sie keinen Einfluss auf das Ergebnis des Integrationsprozesses hat:

$$\int_a^b f(x)\,\mathrm{d}x = \int_a^b f(t)\,\mathrm{d}t = \int_a^b f(u)\,\mathrm{d}u \neq \int_a^b g(u)\,\mathrm{d}u$$

Die Berechnung eines bestimmtes Integrals liefert immer eine *reelle Zahl*, die je nach Aufgabenstellung als Flächeninhalt, Volumen oder Arbeit u. a. gedeutet werden kann.

Ausblick:

Sie haben sich bisher tapfer geschlagen! Die Begründung des Grenzwertes der RIEMANN'schen Summen und die Erklärung des bestimmten Integrals gehören zum Schwierigsten, was die Schulmathematik zu bieten hat. Natürlich ist das auch kein Prüfungsstoff.
Wenn Sie auch noch die Beispiele für die direkte Berechnung einiger bestimmter Integrale überstanden haben, können Sie wirklich aufatmen. Sie werden bald sehen, dass ein überraschend einfacher Zusammenhang zwischen dem Differenzieren und dem Berechnen bestimmter Integrale besteht. So wie in den Anfangskapiteln geht es jedenfalls nicht weiter.

Direkte Berechnung bestimmter Integrale

2.3

Bemerkung zum Inhalt dieses Kapitels:

In den folgenden drei Abschnitten werden wir den Wert eines bestimmten Integrals jeweils über seine Grenzwertdarstellung berechnen.

Obwohl wir aus dem Abschnitt 2.2.2 wissen, dass die RIEMANN'schen Summen für eine stetige Funktion einen Grenzwert haben, wird sich zeigen, dass wir diesen Grenzwert nur in einfachen Fällen direkt berechnen können. Wenn es uns nicht gelingt, die aufgestellte RIEMANN'sche Summe mithilfe bekannter Summenformeln in ein Produkt umzuformen, dann können wir den Grenzwert auch nicht direkt ermitteln.

2.3.1 Berechnung eines Flächeninhalts

2.3.1

Figur 6

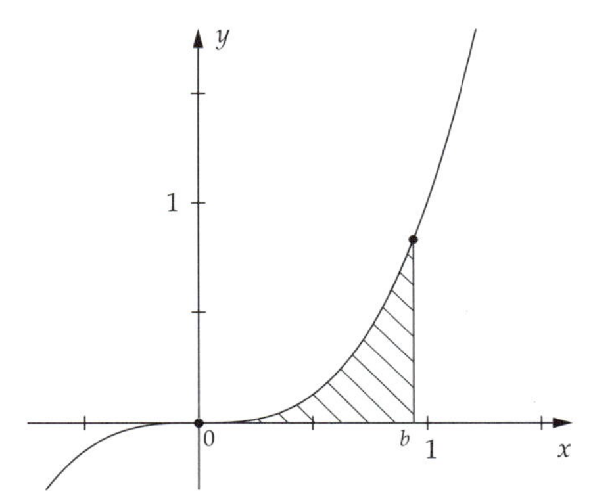

Gesucht ist der Flächeninhalt A der Fläche, die vom Graphen der Funktion $f(x) = x^3$, der x-Achse und den beiden Geraden mit den Gleichungen $x = 0$ und $x = b$ in der Figur 6 gebildet wird.

Wir zerlegen zunächst das Intervall $[0; b]$ durch Einfügen der inneren Teilpunkte $a_1; a_2; \dots; a_{n-1}$ in n Teilintervalle, die alle dieselbe Länge $\Delta x = \frac{b}{n}$ haben. Eine derartige Zerlegung wird auch als **n-Teilung** des Intervalls bezeichnet.

Nun bilden wir für das Intervall $[0; b]$ eine RIEMANN'sche Summe, indem wir über jedem Teilintervall ein Rechteck mit der Breite Δx bilden. Für die Höhe dieses Rechtecks könnten wir einen beliebigen Funktionswert im Teilintervall wählen. Wir entscheiden uns für den Funktionswert im rechten Endpunkt des Teilintervalls, da dadurch die späteren Rechnungen einfacher werden.

$$A_n = f(a_1) \cdot \Delta x + f(a_2) \cdot \Delta x + f(a_3) \cdot \Delta x + \dots + f(a_n) \cdot \Delta x$$

Für die inneren Teilpunkte $a_1; \dots; a_{n-1}$ und den Randpunkt a_n gilt bei n-Teilung:

$$a_1 = 1 \cdot \Delta x = 1 \cdot \frac{b}{n}; \quad a_2 = 2 \cdot \Delta x; \quad a_3 = 3 \cdot \Delta x; \quad \dots; \quad a_n = n \cdot \Delta x = n \cdot \frac{b}{n} = b$$

Mit $f(x) = x^3$ erhalten wir damit für die Rechtecksumme:

$$\begin{aligned} A_n &= f(a_1) \cdot \Delta x + f(a_2) \cdot \Delta x + \dots + f(a_n) \cdot \Delta x = \\ &= (1 \cdot \Delta x)^3 \cdot \Delta x + (2 \cdot \Delta x)^3 \cdot \Delta x + (3 \cdot \Delta x)^3 \cdot \Delta x + \dots + (n \cdot \Delta x)^3 \cdot \Delta x \end{aligned}$$

Wir klammern nun aus jedem Summanden $(\Delta x)^3 \cdot \Delta x = (\Delta x)^4$ aus:

$$A_n = (\Delta x)^4 \cdot (1^3 + 2^3 + 3^3 + \ldots + n^3)$$

Mit dieser Darstellung für A_n sind wir bei der eingangs erwähnten Schwierigkeit angekommen: Hätten wir nun nicht die Formel

$$1^3 + 2^3 + 3^3 + \ldots + n^3 = \frac{n^2 \cdot (n+1)^2}{4}$$

aus der Formelsammlung zur Verfügung, dann könnten wir die RIEMANN'sche Summe A_n auch nicht in ein Produkt verwandeln und den Grenzübergang $n \to \infty$ nicht durchführen.

Mit $\Delta x = \frac{b}{n}$ und der angegebenen Potenzsumme können wir aber wie folgt weiterrechnen:

$$A_n = \frac{b^4}{n^4} \cdot \frac{n^2 \cdot (n+1)^2}{4} = \frac{b^4}{4} \cdot \frac{n^2}{n^2} \cdot \frac{(n^2 + 2n + 1)}{n^2} = \frac{b^4}{4} \cdot 1 \cdot \left(1 + \frac{2}{n} + \frac{1}{n^2}\right)$$

Für $n \to \infty$ strebt der Inhalt der runden Klammer gegen 1: $\lim\limits_{n \to \infty} A_n = \frac{b^4}{4}$

Diesen Grenzwert können wir nun als Flächeninhalt A der Fläche festlegen.

Mit der in Abschnitt 2.2.3 eingeführten Schreibweise für das bestimmte Integral erhalten wir schließlich:

Figur 7

$$A = \lim_{n \to \infty} A_n = \int_0^b x^3 \mathrm{d}x = \frac{b^4}{4}$$

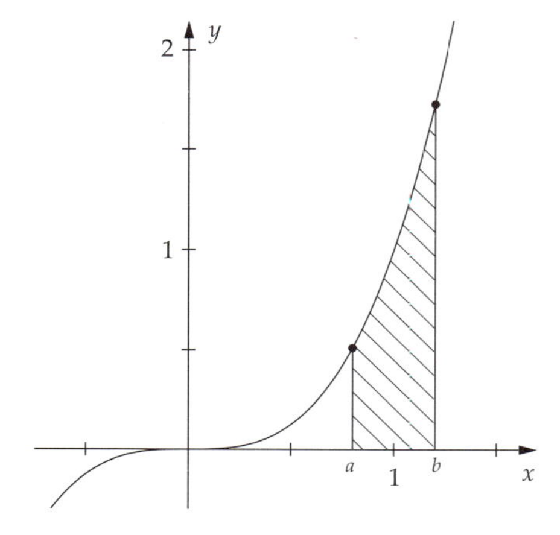

Für die Fläche, die vom Graphen der Funktion $f(x) = x^3$, der x-Achse und den beiden Geraden $x = a$ und $x = b$ $(0 \leqq a < b)$ begrenzt wird, erhalten wir aus Figur 7:

$$A = \int_a^b x^3 \mathrm{d}x = \frac{b^4}{4} - \frac{a^4}{4}$$

Aufgabe 8 Berechnen Sie nach dem Muster des letzten Beispiels die Fläche, die vom Graphen der Funktion $f(x) = x^2$, der x-Achse und den beiden Geraden $x = a$ und $x = b$ $(0 \leqq a < b)$ begrenzt wird.
Verwenden Sie für die Umformung der RIEMANN'schen Summe die Formel:

$$1^2 + 2^2 + \ldots + n^2 = \frac{n(n+1)(2n+1)}{6}$$

Berechnung des Kugelvolumens

2.3.2

Rotiert in Figur 8 der obere Halbkreis mit der Gleichung $f(x) = \sqrt{r^2 - x^2}$ und $D_f = [-r; r]$ um die x-Achse, so entsteht als Rotationskörper eine Kugel mit dem Volumen V.

Wir erhalten das halbe Volumen der Kugel, wenn der Viertelkreis im Intervall $[0; r]$ um die x-Achse rotiert.

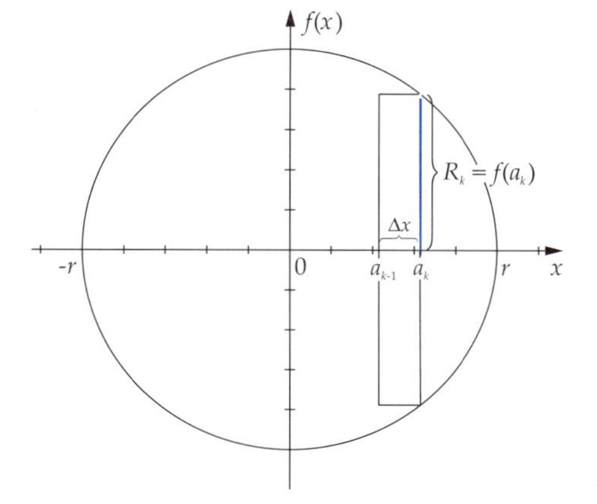

Figur 8

Das Intervall $[0; r]$ wird durch n-Teilung in n gleich lange Teilintervalle der Länge $\Delta x = \frac{r}{n}$ zerlegt. In jedem Teilintervall bilden wir nun Kreisscheiben mit der Dicke Δx und dem Radius $R_k = f(a_k)$ mit $k = 1, 2, 3, \ldots, n$.

Für das Volumen V_k einer solchen Kreisscheibe gilt:

$$V_k = R_k^2 \cdot \pi \cdot \Delta x = [f(a_k)]^2 \cdot \pi \cdot \Delta x = [r^2 - (k \cdot \Delta x)^2] \cdot \pi \cdot \Delta x$$

$$V_k = r^2 \cdot \pi \cdot \Delta x - k^2 \cdot (\Delta x)^3 \cdot \pi$$

Summieren wir nun von $k = 1$ bis $k = n$, so erhalten wir eine RIEMANN'sche Summe für das halbe Volumen der Kugel. Wir beachten bei der Summation, dass der Summand $r^2 \cdot \pi \cdot \Delta x$ dabei n-mal auftritt:

$$\frac{V_n}{2} = n \cdot r^2 \cdot \pi \cdot \Delta x - (1^2 + 2^2 + \ldots + n^2) \cdot (\Delta x)^3 \cdot \pi$$

Mit $\Delta x = \frac{r}{n}$ und $1^2 + 2^2 + \ldots + n^2 = \frac{n(n+1)(2n+1)}{6}$ können wir dann die RIEMANN'sche Summe für die Halbkugel wie folgt umformen:

$$\frac{V_n}{2} = n \cdot r^2 \cdot \pi \cdot \frac{r}{n} - \frac{n(n+1)(2n+1)}{6} \cdot \frac{r^3}{n^3} \cdot \pi =$$

$$= r^3 \cdot \pi - \frac{n}{n} \cdot \frac{n+1}{n} \cdot \frac{2n+1}{n} \cdot \frac{r^3}{6} \cdot \pi = r^3 \cdot \pi - 1 \cdot \left(1 + \frac{1}{n}\right) \cdot \left(2 + \frac{1}{n}\right) \cdot \frac{r^3}{6} \cdot \pi$$

Für $n \to \infty$ gilt: $1 + \frac{1}{n} \to 1$ und $2 + \frac{1}{n} \to 2$; das Näherungsvolumen der Halbkugel geht dabei über in das Volumen $\frac{V}{2}$ der Halbkugel:

$$\frac{V}{2} = r^3 \cdot \pi - 1 \cdot 1 \cdot 2 \cdot \frac{r^3}{6} \cdot \pi = r^3 \cdot \pi - \frac{r^3}{3} \cdot \pi = \frac{2}{3} \cdot \pi \cdot r^3$$

Durch Multiplikation mit 2 erhalten wir schließlich das Volumen V einer Kugel mit dem Radius r: $V = \frac{4}{3} \cdot \pi \cdot r^3$

Aufgabe 9 Rotiert von der Geraden $f(x) = x$ die über dem Intervall $[0; b]$ gelegene Strecke um die x-Achse, so entsteht ein Kegel, dessen Spitze in O liegt.

Figur 9

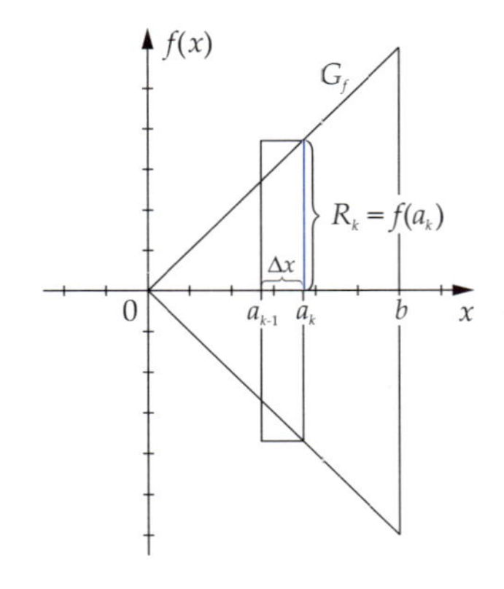

Berechnen Sie nach dem Muster des letzten Beispiels das Volumen dieses Kegels und vergleichen Sie Ihr Ergebnis mit der in der Formelsammlung angegebenen Formel für das Volumen eines Kegels.

2.3.3 Arbeit im Gravitationsfeld

Die physikalischen Grundlagen für die folgende Aufgabe finden Sie in Kapitel 5 des Bandes Physik Mechanik (mentor Abiturhilfe 665).

Ein Körper der Masse m_1 und ein Körper der Masse m_2, deren Schwerpunkte den Abstand r haben, ziehen sich gegenseitig an mit der Gravitationskraft $F(r)$:

$$F(r) = G \cdot \frac{m_1 m_2}{r^2} = G\, m_1 m_2\, \frac{1}{r^2}$$

$G = 6{,}673 \cdot 10^{-11}\ \mathrm{m^3\,kg^{-1}\,s^{-2}}$ ist die Gravitationskonstante.

Welche Arbeit ist aufzubringen, wenn der Abstand der Schwerpunkte der beiden Körper von a auf b vergrößert wird?

Zur Vereinfachung der Schreibweise fassen wir zusammen: $G \cdot m_1 \cdot m_2 = K$, also $F(r) = K \cdot \frac{1}{r^2}$

Da die zu berechnende Arbeit nicht von der Form des Weges, sondern nur vom Abstand a bzw. b abhängt, betrachten wir auf der x-Achse das Intervall $[a; b]$. Für das Kraftgesetz schreiben wir entsprechend: $F(x) = K \cdot \frac{1}{x^2}$

Da eine n-Teilung des Intervalls $[a; b]$ in n gleich lange Teilintervalle *nicht* zum Erfolg führen würde, wählen wir diesmal eine Zerlegung des Intervalls, bei der die Teilpunkte eine **geometrische Folge** bilden:

$$a = a_0;\ a_1 = aq;\ a_2 = aq^2;\ \ldots;\ a_{k-1} = aq^{k-1};\ a_k = aq^k;\ \ldots;\ a_n = aq^n = b$$

Der Quotient q ist durch $aq^n = b$, also $q = \left(\frac{b}{a}\right)^{1/n}$ bestimmt.

Wir dürfen so vorgehen, da jede beliebige Zerlegung des Intervalls $[a; b]$

in Teilintervalle zugelassen ist, wenn nur die Längen aller Teilintervalle für $n \to \infty$ gegen null streben.

Für die Länge des k-ten Teilintervalls $[a_{k-1}; a_k]$ gilt:

$$a_k - a_{k-1} = aq^k - aq^{k-1} = aq^{k-1} \cdot (q-1)$$

Wegen $b > a$ ist $\frac{b}{a} > 1$ und für $n \to \infty$ gilt dann für $q = \left(\frac{b}{a}\right)^{\frac{1}{n}}$:

$$\lim_{n \to \infty} q = \lim_{n \to \infty} \left(\frac{b}{a}\right)^{\frac{1}{n}} = \left(\frac{b}{a}\right)^0 = 1, \text{ also } q \to 1 \text{ für } n \to \infty.$$

Damit wird im Produkt $aq^{k-1} \cdot (q-1)$ der Faktor $(q-1)$ für $n \to \infty$ beliebig klein und die Länge des k-ten Teilintervalls strebt gegen null. Dies gilt für alle Teilintervalle.

Im k-ten Teilintervall bilden wir nun das Produkt:

$$f(a_{k-1}) \cdot (\Delta x)_k = \frac{K}{(aq^{k-1})^2} \cdot (a_k - a_{k-1}) = \frac{K}{(aq^{k-1})^2} \cdot (aq^k - aq^{k-1}) =$$

$$= \frac{K}{a^2 \cdot q^{2k-2}} \cdot a \cdot q^{k-1} \cdot (q-1) = \frac{K(q-1)}{a \cdot q^{k-1}} = \frac{K}{a} \cdot q \cdot (q-1) \cdot \frac{1}{q^k}$$

Bilden wir nun die Summe von $k = 1$ bis $k = n$, so erhalten wir eine RIEMANN'sche Summe W_n:

$$W_n = \frac{K}{a} \cdot q \cdot (q-1) \cdot \left(\frac{1}{q} + \frac{1}{q^2} + \frac{1}{q^3} + \ldots + \frac{1}{q^n}\right) =$$

$$= \frac{K}{a} \cdot q \cdot (q-1) \cdot \frac{1}{q} \left(1 + \frac{1}{q} + \frac{1}{q^2} + \frac{1}{q^3} + \ldots + \frac{1}{q^{n-1}}\right) =$$

$$= \frac{K}{a} \cdot (q-1) \cdot \left(1 + \frac{1}{q} + \frac{1}{q^2} + \ldots + \frac{1}{q^{n-1}}\right)$$

In der letzen Klammer steht nun eine geometrische Reihe mit n Summanden. Den Wert dieser Summe mit dem Anfangsglied 1 und dem Quotienten $\frac{1}{q}$ können wir berechnen. Vergleichen sie dazu den Abschnitt 4.4.1 in Analysis 1, mentor Abiturhilfe 645:

$$W_n = \frac{K}{a} \cdot (q-1) \frac{\left(\frac{1}{q}\right)^n - 1}{\frac{1}{q} - 1} = \frac{K}{a} \cdot (q-1) \cdot \frac{\left(\frac{1}{q}\right)^n - 1}{\frac{1-q}{q}} = \frac{K}{a} \cdot \frac{q-1}{1-q} \cdot q \cdot \left(\left(\frac{1}{q}\right)^n - 1\right)$$

Wegen $aq^n = b$ gilt $\frac{a}{b} = \frac{1}{q^n} = \left(\frac{1}{q}\right)^n$. Mit $\frac{q-1}{1-q} = \frac{q-1}{-(q-1)} = -1$ folgt:

$$W_n = \frac{K}{a} \cdot (-1) \cdot q \cdot \left(\frac{a}{b} - 1\right) = -K \cdot q \cdot \frac{a-b}{ab} = -K \cdot \left(\frac{1}{b} - \frac{1}{a}\right) \cdot q$$

Aus $aq^n = b$ erhalten wir $q = \left(\frac{b}{a}\right)^{\frac{1}{n}}$, also $q \to 1$ für $n \to \infty$.

Damit können wir den Grenzwert der RIEMANN'schen Summe W_n berechnen:

$$W = \lim_{n \to \infty} W_n = -K \cdot \left(\frac{1}{b} - \frac{1}{a}\right) = K \cdot \left(\frac{1}{a} - \frac{1}{b}\right)$$

Setzen wir, wie üblich, $a = r_1$ und $b = r_2$, dann erhalten wir mit $K = G \cdot m_1 \cdot m_2$ das folgende Ergebnis:

Um den Abstand der Schwerpunkte zweier Körper von r_1 auf r_2 zu vergrößern, muss die Arbeit

$W = \int_{r_1}^{r_2} \frac{G \cdot m_1 \cdot m_2}{r^2}\, \mathrm{d}r = G \cdot m_1 \cdot m_2 \cdot \left(\frac{1}{r_1} - \frac{1}{r_2}\right)$ aufgebracht werden.

Wir werden später dasselbe Ergebnis ohne ausführliche Berechnung des Grenzwertes der RIEMANN'schen Summe in nur einer Zeile erhalten.

Mittelwertsatz der Integralrechnung

3.

Ist die Funktion f im Intervall $[a; b]$ *stetig*, so nimmt sie dort nach dem **Extremwertsatz** für Funktionen, die in einem abgeschlossenen Intervall stetig sind (vergleiche Kapitel 8.5 in Analysis 1), ein Minimum m und ein Maximum M an. Für die Funktionswerte $f(x)$ gilt daher die Ungleichung:

$$m \leqq f(x) \leqq M \quad \text{mit } x \in [a; b]$$

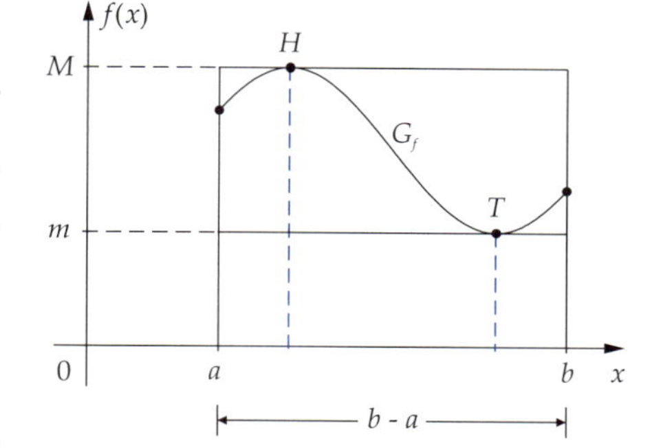

Figur 10

Aus der Figur 10 entnehmen wir für das bestimmte Integral $\int_a^b f(x)\,dx$ in der Deutung als Fläche die folgende Abschätzung:

$$m(b-a) \leqq \int_a^b f(x)\,dx \leqq M(b-a)$$

Dividieren wir diese Ungleichungskette durch $(b-a) > 0$, so erhalten wir:

$$m \leqq \frac{1}{b-a} \cdot \int_a^b f(x)\,dx \leqq M$$

Setzen wir nun $r = \frac{1}{b-a} \cdot \int_a^b f(x)\,dx$, dann gilt: $m \leqq r \leqq M$

Die Zahl r ist damit zwischen dem Minimum m und dem Maximum M der Funktionswerte $f(x)$ auf dem Intervall $[a; b]$ eingeschlossen. Da die Funktion f auf dem Intervall $[a; b]$ *stetig* ist, nimmt sie nach dem **Zwischenwertsatz** für stetige Funktionen jeden zwischen den Zahlen m und M gelegenen Funktionswert der Funktion f mindestens einmal an.

Das heißt aber:
Die Zahl r ist ein Funktionswert von f für eine geeignete Stelle $c \in [a; b]$. Mit $r = f(c)$ lautet dann die obige Gleichung:

$$f(c) = \frac{1}{b-a} \cdot \int_a^b f(x)\,dx \quad | \cdot (b-a)$$

$$f(c) \cdot (b-a) = \int_a^b f(x)\,dx$$

Ist die Funktion $f(x)$ in $[a; b]$ *stetig*, dann gilt:

$$\int_a^b f(x)\,dx = f(c) \cdot (b-a) \quad \text{mit } c \in [a; b]$$

(Mittelwertsatz der Integralrechnung)

Bemerkung:

Nimmt die Funktion f im Intervall $[a; b]$ nur positive Werte $f(x) > 0$ an, dann lässt sich der Inhalt des Mittelwertsatzes der Integralrechnung geometrisch deuten:
Die Fläche zwischen dem Graphen von f, der x-Achse und den beiden Geraden $x = a$ und $x = b$ $(a < b)$ hat denselben Inhalt wie das Rechteck mit der Basis $(b - a)$ und der Höhe $f(c)$, wobei die Stelle c im Intervall $[a; b]$ liegt.

Die Bedeutung des obigen Mittelwertsatzes liegt vor allem in der Vereinfachung der Beweisführung wichtiger Lehrsätze. Vergleichen Sie dazu die Ableitung der Integralfunktion in Abschnitt 4.1.2.

Integralberechnung mit Stammfunktionen

4.

Zum Inhalt dieses Kapitels:

Wir werden im Folgenden zeigen, wie durch geeignete Begriffsbildungen die mühsame Berechnung der Grenzwerte beim Integrationsprozess umgangen werden kann. Das Problem der Integration wird sich dabei als Umkehrung der Differenziation darstellen.

Integralfunktion als Stammfunktion — 4.1

Erklärung der Integralfunktion — 4.1.1

Der Wert des bestimmten Integrals $\int\limits_a^b f(x)\mathrm{d}x$ ist eine reelle Zahl, die außer vom Integranden $f(x)$ auch von der Wahl der Grenzen a und b abhängt. Lassen wir im bestimmten Integral der Funktion f über $[a;\, b]$ die untere Grenze a fest und betrachten die obere Grenze in $[a;\, b]$ als veränderlich, dann wird der Wert des Integrals eine Funktion der oberen Grenze. Bezeichnen wir die obere Grenze des Integrals mit x, dann wählen wir für die Integrationsvariable den Buchstaben t, um etwaige Verwechslungen auszuschließen.

> Ist die Funktion f in einem Intervall I stetig (also integrierbar), so heißt jede in I erklärte Funktion F mit dem Funktionsterm $F(x) = \int\limits_a^x f(t)\,\mathrm{d}t$ und $a \in I$ eine **Integralfunktion** der Funktion f.

Zu einer in einem Intervall I stetigen Funktion f gibt es also beliebig viele Integralfunktionen, die durch die Wahl der unteren Grenze a festgelegt sind.

Für die in $\mathbb{R}$ erklärte und stetige Funktion $f(x) = x^2$ sind die folgenden Funktionen jeweils Integralfunktionen:

$F_1(x) = \int\limits_1^x t^2\,\mathrm{d}t;\; D_{F_1} = \mathbb{R}$

$F_{-3}(x) = \int\limits_{-3}^x t^2\,\mathrm{d}t;\; D_{F_{-3}} = \mathbb{R}$

$F_2(x) = \int\limits_2^x t^2\,\mathrm{d}t;\; D_{F_2} = \mathbb{R}$

Für die Integralfunktion gibt es auch eine Darstellung *ohne* Integralzeichen. Vergleichen Sie dazu den Abschnitt 4.3.

Eine wichtige Bemerkung zur Bestimmung der Definitionsmengen der Integralfunktionen:

Bei der Integralfunktion $F_1(x) = \int_1^x t^2 dt$ mit der unteren Grenze 1 und der oberen Grenze x verleitet allein schon die Bezeichnung „untere" bzw. „obere" Grenze zu der Annahme, dass die obere Grenze x größer als die untere Grenze 1 ist.
Dass diese Annahme falsch sein kann, wollen wir uns an einem einfachen Beispiel klarmachen. Wir werden dabei auch sehen, welche Veränderung eintritt, wenn die Integrationsrichtung umgekehrt wird.

Fall 1:

Für $x = 2$ beginnen wir mit der Integration an der Stelle 1 und integrieren in Richtung zunehmender Werte, bis wir die Stelle $x = 2$ erreicht haben, also in Richtung zunehmender Werte der Integrationsvariablen.
Erinnern wir uns nun an die Grenzwertdarstellung des bestimmten Integrals: Dort wurde das Intervall durch Einfügen von inneren Teilpunkten $a_1; a_2; \ldots; a_{n-1}$ in n Teilintervalle zerlegt. Mit $a_0 = a$ und $a_n = b$ erhielten wir die Teilintervalle

$[a_0; a_1],\ [a_1; a_2],\ \ldots,\ [a_{k-1}; a_k],\ \ldots,\ [a_{n-1}; a_n]$

Bei der Bildung der RIEMANN'schen Summe hatten wir im k-ten Intervall das Produkt aus dem Funktionswert $f(a_k)$ an einer beliebigen Stelle a_k und der Länge $a_k - a_{k-1}$ des k-ten Intervalls gebildet.

In unserem Beispiel wählen wir die folgende Zerlegung:
1; 1,1; 1,2; 1,3; 1,4; …; 1,9; 2
Für die Länge $a_k - a_{k-1}$ der Teilintervalle erhalten wir dann:
$a_1 - a_0 = 1{,}1 - 1 = 0{,}1;\ a_2 - a_1 = 1{,}2 - 1{,}1 = 0{,}1$ usw.

Dies heißt aber:
Bei Integration in Richtung zunehmender Werte gilt $a_k - a_{k-1} > 0$.

Fall 2:

Für $x = -2$ beginnen wir die Integration an der Stelle 1 und integrieren jetzt in Richtung abnehmender Werte, bis wir die Stelle $x = -2$ erreicht haben.
Wir wählen jetzt die Zerlegung: 1; 0,9; 0,8; ... ; – 1,8; – 1,9, – 2

Nun gilt:
$a_1 - a_0 = 0{,}9 - 1 = -0{,}1;\ a_2 - a_1 = 0{,}8 - 0{,}9 = -0{,}1$ usw.

Das heißt aber:
Bei Integration in Richtung abnehmender Werte gilt $a_k - a_{k-1} < 0$.

Die Wahl der Integrationsrichtung beeinflusst den Wert des bestimmten Integrals:

In unserem Beispiel $F_1(x) = \int_1^x t^2 \mathrm{d}t$ gilt für den Integranden $f(t) = t^2 \geqq 0$.

Beachten wir die Integrationsrichtung, dann bedeutet dies:

$$\int_1^2 t^2 \mathrm{d}t > 0 \text{ und } \int_1^{-2} t^2 \mathrm{d}t < 0$$

Zur Bestimmung der *Definitionsmenge* D_{F_1} der Integralfunktion $F_1(x) = \int_1^x t^2 \mathrm{d}t$ können wir so vorgehen:

Von der Stelle 1 ausgehend dürfen wir sowohl nach rechts als auch nach links integrieren. Wir müssen aber beachten, dass wir dabei keine Stelle überschreiten, an der der Integrand (hier: $f(t) = t^2$) unstetig ist oder eine Definitionslücke hat. Da $f(t) = t^2$ für alle $t \in \mathbb{R}$ stetig ist, können wir von der Stelle 1 ausgehend beliebig weit nach rechts oder links integrieren. Wir erhalten so: $D_{F_1} = \mathbb{R}$

Wir merken uns:

Die **maximale Definitionsmenge einer Integralfunktion** ist das Intervall, welches die untere Grenze der Integralfunktion enthält und in welchem der Integrand eine stetige Funktion ist.

Nullstelle der Integralfunktion

Wir entnehmen der Anschauung, dass der Wert eines bestimmten Integrals mit gleicher unterer und oberer Grenze stets null ist. (Einen strengen Beweis dafür erbringen wir in Abschnitt 4.2.)

Setzen wir in der Integralfunktion $F(x) = \int_a^x f(t)\,\mathrm{d}t$ die obere Grenze x gleich der unteren Grenze a, so folgt:

$$F(a) = \int_a^a f(t)\,\mathrm{d}t = 0 \text{ bzw.: } F(a) = 0$$

Das heißt: Jede Integralfunktion hat mindestens eine Nullstelle, die mit der unteren Grenze zusammenfällt.

Außer der Nullstelle, die mit der unteren Grenze zusammenfällt, kann eine Integralfunktion auch weitere Nullstellen haben. Hat dagegen eine Funktion $F(x)$ *keine* Nullstelle, so kann die Funktion $F(x)$ niemals Integralfunktion irgendeiner Funktion f sein.

Beispiel Gegeben ist die Funktion $F(x) = x^2 + 5$ mit $D_F = \mathbb{R}$.

$F(x) = 0$ liefert: $x^2 + 5 = 0,\ x^2 = -5;\ x \notin \mathbb{R}$

Die Funktion $F(x)$ des Beispiels ist daher niemals Integralfunktion irgendeiner reellen Funktion $f(x)$.

4.1.2 Ableitung der Integralfunktion

Damit wir in den folgenden Ausführungen die Integralfunktion anschaulich als Flächeninhalt deuten können, betrachten wir eine *stetige* Funktion f, die im Intervall $[a; b]$ nur positive Funktionswerte $f(x) > 0$ hat.

Figur 11

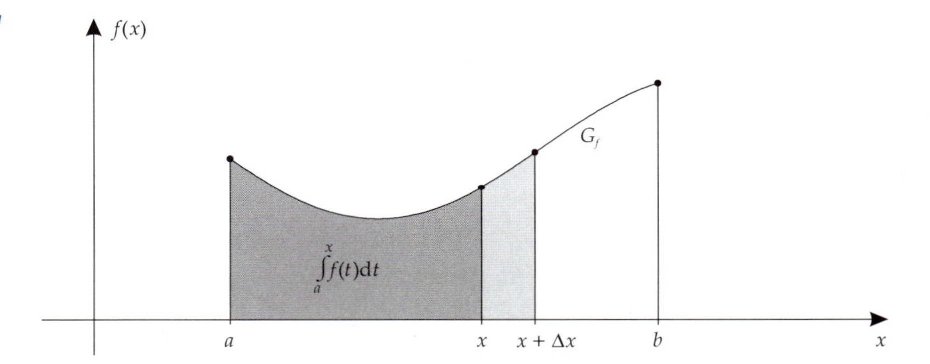

Durch die Integralfunktion $F(x) = \int_a^x f(t)\mathrm{d}t$ wird in der Figur 11 die Fläche zwischen dem Graphen von f, der x-Achse und den beiden zur $f(x)$-Achse parallelen Geraden durch die Stellen a und x beschrieben.

Verschieben wir nun die Stelle x nach $x + \Delta x$ (in der Figur 11 ist $\Delta x > 0$ gewählt), so erfährt der Flächeninhalt $F(x)$ den Zuwachs $\int_x^{x+\Delta x} f(t)\,\mathrm{d}t$, der in der Figur 11 der Fläche zwischen dem Graphen von f, der x-Achse und den beiden Parallelen zur $f(x)$-Achse durch die Stellen x und $x + \Delta x$ entspricht.

Wir entnehmen der Figur 11 die folgende Summe der einzelnen Flächenteile:

$$F(x) + \int_x^{x+\Delta x} f(t)\,\mathrm{d}t = \int_a^{x+\Delta x} f(t)\,\mathrm{d}t$$

bzw.: $F(x) + \int_x^{x+\Delta x} f(t)\,\mathrm{d}t = F(x+\Delta x)$, da $\int_x^{x+\Delta x} f(t)\,\mathrm{d}t = F(x+\Delta x)$ ist.

Durch Umstellen erhalten wir aus der letzten Gleichung:

$$F(x+\Delta x) - F(x) = \int_x^{x+\Delta x} f(t)\,\mathrm{d}t$$

Das Integral in dieser Gleichung können wir nun mithilfe des Mittelwertsatzes der Integralrechnung (vergleiche Kapitel 3) durch den Flächeninhalt eines Rechtecks mit der Basis Δx und einer geeigneten Höhe $f(c)$ mit $c \in [x; x + \Delta x]$ ersetzen:

$$F(x + \Delta x) - F(x) = f(c) \cdot \Delta x \qquad |: \Delta x \neq 0$$

$$\frac{F(x + \Delta x) - F(x)}{\Delta x} = f(c)$$

Der Grenzübergang $\Delta x \to 0$ liefert nun ein überraschendes Ergebnis:

Die rechte Seite der obigen Gleichung, also $f(c)$, geht für $\Delta x \to 0$ wegen der Stetigkeit der Funktion f über in $f(x)$. In der Figur 11 bedeutet dies anschaulich, dass für $\Delta x \to 0$ die Stelle $c \in [x; x + \Delta x]$ gegen die Stelle x geschoben wird.
Daher muss in der obigen Gleichung auch der Grenzwert der linken Seite existieren. Mit anderen Worten heißt dies, dass der Differenzenquotient der Funktion F für $\Delta x \to 0$ in den Differenzialquotienten oder die 1. Ableitung $F'(x)$ der Funktion $F(x)$ übergeht! (Vergleichen Sie dazu die Ausführungen in Abschnitt 1.2.1 des Bandes Analysis 2, mentor Abiturhilfe 646.)

Es gilt also: $F'(x) = f(x)$ bzw. in anderen Schreibweisen:

$$\frac{\mathrm{d}F(x)}{\mathrm{d}x} = f(x) \quad \text{oder} \quad \frac{\mathrm{d}}{\mathrm{d}x} \int_a^x f(t)\,\mathrm{d}t = f(x)$$

Dass unser Ergebnis für die Ableitung $F'(x)$ einer Integralfunktion $F(x)$ für die Analysis von fundamentaler Bedeutung ist, verrät schon die Bezeichnung des folgenden Lehrsatzes:

Hauptsatz der Differenzial- und Integralrechnung (HDI)

Jede Integralfunktion $F(x)$ einer in einem Intervall *stetigen* Funktion $f(x)$ ist *differenzierbar.*

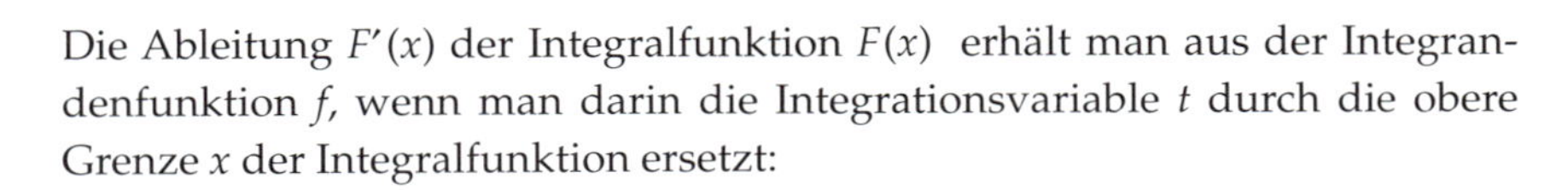

Die Ableitung $F'(x)$ der Integralfunktion $F(x)$ erhält man aus der Integrandenfunktion f, wenn man darin die Integrationsvariable t durch die obere Grenze x der Integralfunktion ersetzt:

$$F(x) = \int_a^x f(t)\,\mathrm{d}t \quad \Rightarrow \quad F'(x) = f(x)$$

Wir können auch sagen:

Jede Integralfunktion $F(x)$ von $f(x)$ ist auch eine Stammfunktion von $f(x)$, da $F'(x) = f(x)$ gilt.

(Vergleichen Sie dazu die Erklärung der Stammfunktionen in Abschnitt 1.1.)

In Abschnitt 1.2.2 des Bandes Analysis 2 hatten wir gezeigt, dass eine differenzierbare Funktion auch eine stetige Funktion ist. Da nach dem HDI jede Integralfunktion $F(x)$ auch differenzierbar ist, muss jede Integralfunktion eine *stetige* Funktion sein.

Wir stellen unsere Ergebnisse über Integralfunktionen zusammen:

Jede Integralfunktion $F(x) = \int_a^x f(t)\,dt$ einer in einem Intervall stetigen Funktion $f(x)$ hat die folgenden Eigenschaften:

- Die maximale Definitionsmenge D_F der Integralfunktion $F(x)$ ist das Intervall, welches die untere Grenze a enthält und in dem $f(x)$ stetig ist.
- Jede Integralfunktion $F(x)$ ist differenzierbar. Es gilt: $F'(x) = f(x)$
- Jede Integralfunktion $F(x)$ ist eine *stetige* Funktion.
- Jede Integralfunktion $F(x)$ hat *mindestens* eine Nullstelle. Diese Nullstelle stimmt mit der unteren Grenze a der Integralfunktion überein: $F(a) = 0$

Aus $F'(x) = f(x)$ folgen die Beziehungen $F''(x) = f'(x)$ und $F'''(x) = f''(x)$, die für die Untersuchung der Funktion $F(x)$ bzw. $f(x)$ benötigt werden.

Beispiel 1 Bestimmen Sie D_F und $F(4)$ von $F(x) = \int_4^x (t^2 - 2t + 3)\,dt$.

Da die Integrandenfunktion $f(x) = x^2 - 2x + 3$ als ganzrationale Funktion in ganz $\mathbb{R}$ stetig ist, können wir von der Stelle $x = 4$ ausgehend beliebig weit nach links und nach rechts integrieren. Wir erhalten so: $D_F = \mathbb{R}$

Mit der unteren Grenze $x = 4$ der Integralfunktion gilt: $F(4) = 0$

Beispiel 2 Hinter der Integralfunktion L, die durch $L(x) = \int_1^x \frac{1}{t}\,dt$ in $D_L = \mathbb{R}^+$ erklärt ist, verbirgt sich eine Funktion, die im Band Analysis 2 eine wichtige Rolle spielte.

Einen ersten Hinweis liefert die Ableitung der Funktion L:
Die Ableitung einer Integralfunktion ist nach dem Hauptsatz der Differenzial- und Integralrechnung (HDI) der *Integrand* (also die Funktion, die zwischen den Symbolen $\int$ und dt steht) mit x als Variable.
Es gilt daher: $L'(x) = \frac{1}{x}$ mit $D_{L'} = \mathbb{R}^+$

Im Band Analysis 2 hatte auch die natürliche Logarithmusfunktion $f(x) = \ln x$ mit $D_f = \mathbb{R}^+$ die Ableitung $(\ln x)' = \frac{1}{x}$ mit $D_{f'} = \mathbb{R}^+$.

Aus der Gleichheit der Ableitungen $L'(x) = (\ln x)' = \frac{1}{x}$ folgt aber, dass die Graphen dieser beiden Funktionen in ihrer gemeinsamen Definitionsmenge $\mathbb{R}^+$ an jeder Stelle x dieselbe Steigung haben. Mit anderen Worten: Die Graphen der Funktionen $L(x)$ und $\ln x$ verlaufen in $\mathbb{R}^+$ zueinander parallel.

Wenn wir nun noch zeigen können, dass die beiden Graphen wenigstens einen Punkt gemeinsam haben, dann sind die Graphen der Funktionen $L(x)$ und $\ln x$ sogar identisch.
Für den Nachweis eignet sich die Stelle $x = 1$:

Aus $L(1) = \int_1^1 \frac{1}{t}\, dt = 0$ und $\ln 1 = 0$ erhalten wir den gemeinsamen Punkt $P(1; 0)$ der beiden Graphen.

Ergebnis:

Die natürliche Logarithmusfunktion $\ln x$ kann auch als Integralfunktion dargestellt werden.
Es gilt: $\ln x = \int_1^x \frac{1}{t}\, dt$ mit $x \in \mathbb{R}^+$; $(\ln x)' = \frac{1}{x}$

Aufgabe 10

Warum können die folgenden Funktionen F *keine* Integralfunktionen zu den angegebenen Funktionen f sein?

10.1 $F(x) = \frac{1}{3x^3}$ $D_F = \mathbb{R}^+$; $f(x) = \frac{-1}{x^4}$ $D_f = \mathbb{R}^+$

10.2 $F(x) = \frac{1}{x^5} + 1$ $D_F = \mathbb{R}\setminus\{0\}$; $f(x) = \frac{-5}{x^6}$ $D_f = D_F$

10.3 $F(x) = x^2 - 1$ $D_F = \mathbb{R}$; $f(x) = x$ $D_f = \mathbb{R}$

10.4 $F(x) = \frac{1}{x} - 1$ $D_F = \mathbb{R}^-$; $f(x) = \frac{-1}{x^2}$ $D_f = \mathbb{R}^-$

Integrationsformel 4.1.3

Wir werden im Folgenden zeigen, wie man den Wert des bestimmten Integrals $\int_a^b f(x)\,dx$ mithilfe einer beliebigen Stammfunktion $F(x)$ von $f(x)$ einfach berechnen kann.
In diesem Abschnitt bezeichnen wir eine Integralfunktion der Funktion $f(x)$ mit $\int_a^x f(t)\,dt$. Die Funktion $F(x)$ ist jetzt *nicht* Integralfunktion, sondern nur *Stammfunktion* von $f(x)$, das heißt, es gilt $F'(x) = f(x)$.

Aus dem Abschnitt 4.1.2 wissen wir, dass jede Integralfunktion $\int_a^x f(t)\,\mathrm{d}t$ auch eine Stammfunktion der Funktion $f(x)$ ist.
In Abschnitt 1.2 hatten wir gesehen, dass sich zwei Stammfunktionen einer Funktion $f(x)$ um eine additive Konstante $C \in \mathbb{R}$ unterscheiden, wenn D_f ein Intervall ist.

Es gilt also: $\int_a^x f(t)\,\mathrm{d}t = F(x) + C$

Setzen wir in dieser Gleichung $x = a$ und beachten $\int_a^a f(t)\,\mathrm{d}t = 0$, dann sehen wir, dass die Konstante C nicht beliebig gewählt werden darf:

$$0 = \int_a^a f(t)\,\mathrm{d}t = F(a) + C$$

$$0 = F(a) + C \quad \Rightarrow \quad C = -F(a)$$

Die Konstante C hängt also wesentlich von der unteren Grenze a der Integralfunktion ab. Wir erhalten:

$$\int_a^x f(t)\,\mathrm{d}t = F(x) - F(a)$$

Ist nun in der letzten Gleichung die obere Grenze des Integrals fest, also $x = b$, dann folgt durch Ersetzen von x durch b sofort die Gleichung:

$$\int_a^b f(t)\,\mathrm{d}t = F(b) - F(a)$$

Da die obere Grenze des Integrals jetzt b heißt, können wir die Integrationsvariable t wieder in x umbenennen und erhalten schließlich die so genannte Integrationsformel:

$$\int_a^b f(x)\,\mathrm{d}x = F(b) - F(a), \quad F'(x) = f(x)$$

Für die Differenz $F(b) - F(a)$ ist das Symbol $[F(x)]_a^b$ vereinbart.

Integrationsformel

Der Wert des bestimmten Integrals $\int_a^b f(x)\,\mathrm{d}x$ ist gleich der Differenz der Funktionswerte $F(b) - F(a)$ einer *beliebigen* Stammfunktion $F(x)$ von $f(x)$.

$$\int_a^b f(x)\,\mathrm{d}x = [F(x)]_a^b = F(b) - F(a), \; F'(x) = f(x)$$

Bemerkung:

Da wir mit einer beliebigen Stammfunktion $F(x)$ von $f(x)$ auskommen, wählen wir aus der durch $\int f(x)\,\mathrm{d}x = F(x) + C$ gegebenen Menge aller Stammfunktionen von f die zu $C = 0$ gehörende aus (vergleiche Abschnitt 1.3).

Rückschau:

Bei der direkten Berechnung des bestimmten Integrals als Grenzwert der RIEMANN'schen Summen traten in Abschnitt 2.3 schon bei einfachen Funktionen erhebliche rechnerische Schwierigkeiten auf. Durch die Einführung der Begriffe *Integralfunktion* und *Stammfunktion* konnten wir für stetige Funktionen die *Integrationsformel* herleiten und so die Durchführung der Grenzwertrechnung umgehen. Die Integration ist damit auf das Auffinden einer Stammfunktion zurückgeführt.

Sehen wir uns die Lösung der Beispiele aus dem Abschnitt 2.3 jetzt mit der Integrationsformel an:

2.3.1 *Berechnung eines Flächeninhalts:*

$$A = \int_a^b x^3\,\mathrm{d}x = \left[\frac{x^4}{4}\right]_a^b = \frac{b^4}{4} - \frac{a^4}{4}$$

2.3.2 *Berechnung des Kugelvolumens:*

$$\frac{V}{2} = \int_0^r (r^2 - x^2) \cdot \pi \cdot \mathrm{d}x = \left[\left(r^2 x - \frac{x^3}{3}\right) \cdot \pi\right]_0^r = \left[\left(r^3 - \frac{r^3}{3}\right) - 0\right] \cdot \pi = \frac{2r^3}{3} \cdot \pi$$

$$V = \frac{4r^3}{3} \cdot \pi = \frac{4}{3} \cdot \pi \cdot r^3$$

2.3.3 *Arbeit im Gravitationsfeld:*

$$W = \int_{r_1}^{r_2} \frac{G \cdot m_1 \cdot m_2}{r^2}\,\mathrm{d}r = G \cdot m_1 \cdot m_2 \int_{r_1}^{r_2} (r^{-2})\,\mathrm{d}r = G \cdot m_1 \cdot m_2 \cdot \left[\frac{-1}{r}\right]_{r_1}^{r_2} =$$

$$= G \cdot m_1 \cdot m_2 \cdot \left(\frac{-1}{r_2}\right) - G \cdot m_1 \cdot m_2 \cdot \left(\frac{-1}{r_1}\right) = G \cdot m_1 \cdot m_2 \cdot \left(\frac{1}{r_1} - \frac{1}{r_2}\right)$$

Diese Beispiele belegen eindrucksvoll, wie einfach die Berechnung bestimmter Integrale wird, wenn man eine Stammfunktion gefunden hat.

Jetzt taucht natürlich ein neues Problem auf: Wie findet man eine Stammfunktion F zu einer vorgelegten Funktion f?

4.1.4 Tipps für das praktische Integrieren

Bei der Bestimmung von Stammfunktionen führt die Beachtung der folgenden Regeln schnell zum Ziel.

Regel 1

Multiplizieren Sie Produkte von ganzrationalen Funktionen vor dem Integrieren aus!

Beispiel 1 $\int x^2 \cdot (1 - x + x^2)\,\mathrm{d}x = \int (x^2 - x^3 + x^4)\,\mathrm{d}x = \frac{x^3}{3} - \frac{x^4}{4} + \frac{x^5}{5} + C$

Regel 2

Untersuchen Sie, ob bei gebrochenrationalen Funktionen gekürzt werden kann! (Dies ist immer dann der Fall, wenn eine Nullstelle des Nenners auch Nullstelle des Zählers ist.)

Beispiel 2 $\int \frac{x^2 - x - 6}{x + 2}\,\mathrm{d}x; \quad N(-2) = 0; \quad Z(-2) = 4 + 2 - 6 = 0$

$$\int \frac{x^2 - x - 6}{x + 2}\,\mathrm{d}x = \int \frac{(x + 2)\,(x - 3)}{x + 2}\,\mathrm{d}x = \int (x - 3)\,\mathrm{d}x = \frac{x^2}{2} - 3x + C$$

Regel 3

Können Sie in einer gebrochenrationalen Funktion *nicht* kürzen und hat das Zählerpolynom denselben oder einen höheren Grad als das Nennerpolynom, dann hilft die Polynomdivision weiter. (Vergleichen Sie zur Polynomdivision den Abschnitt 7.7.1 im Band Analysis 1.)

Beispiel 3 $\int \frac{x^3 - 7x^2 + 12x + 1}{x - 4}\,\mathrm{d}x; \quad N(4) = 0; \quad Z(4) = 64 - 112 + 48 + 1 = 1 \neq 0$

Da der Zähler wegen $Z(4) \neq 0$ den Faktor $(x - 4)$ nicht enthält, müssen wir die Polynomdivision ausführen:

Mit $(x^3 - 7x^2 + 12x + 1) : (x - 4) = x^2 - 3x + \frac{1}{x - 4}$ ist dann:

$$\int \left(x^2 - 3x + \frac{1}{x-4}\right)\mathrm{d}x = \frac{x^3}{3} - \frac{3x^2}{2} + \ln|x - 4| + C$$

Regel 4

Prüfen Sie, ob der Integrand die Form $\frac{f'(x)}{f(x)} = \frac{\text{Ableitung}}{\text{Funktion}}$ hat oder auf diese Form gebracht werden kann! (Vergleichen Sie dazu die Ausführungen am Ende des nächsten Abschnittes.)

Beispiel 4

$$\int \frac{3x}{x^2+1}\,dx = 3 \cdot \int \frac{x}{x^2+1}\,dx = \frac{3}{2} \cdot \int \frac{2x}{x^2+1}\,dx = \frac{3}{2} \cdot \ln|x^2+1| + C =$$

$$= \frac{3}{2} \cdot \ln(x^2+1) + C, \text{ da } x^2+1 > 0 \text{ ist.}$$

Regel 5

Fassen Sie durch Anwendung der Logarithmengesetze im Integranden zusammen!

Beispiel 5

$\int [\ln(x^3+x) - \ln(x^2+1)]\,dx$ mit $x > 0$

Mit dem Logarithmengesetz $\ln a - \ln b = \ln \frac{a}{b}$; $(a; b > 0)$ erhalten Sie:

$$\int \ln \frac{x^3+x}{x^2+1}\,dx = \int \ln \frac{x(x^2+1)}{x^2+1}\,dx = \int \ln x\,dx = x \cdot \ln x - x + C$$

Das Integral $\int \ln x\,dx$ finden Sie in der Tabelle der Stammfunktionen.

Regel 6

Formen Sie Wurzeln in die Potenzschreibweise um und wenden Sie dann die Potenzgesetze an!

Beispiel 6

$$\int x^2 \cdot \sqrt{x}\,dx = \int x^2 \cdot x^{\frac{1}{2}}\,dx = \int x^{2+\frac{1}{2}}\,dx = \int x^{\frac{5}{2}}\,dx = \frac{x^{\frac{5}{2}+1}}{\frac{5}{2}+1} + C = \frac{x^{\frac{7}{2}}}{\frac{7}{2}} + C = \frac{2}{7} \cdot x^{\frac{7}{2}} + C$$

Bemerkung:

Integrale wie: $\int x^2 \cdot \ln x\,dx$; $\int x \cdot e^x\,dx$; $\int \frac{1}{x^2-9}\,dx$ u. a. treten im Grundkurs nicht auf. Zu ihrer Lösung müssen spezielle Integrationsmethoden (partielle Integration; Partialbruchzerlegung) herangezogen werden, die im Lehrplan für den Grundkurs nicht enthalten sind.

4.1.5 Tabelle wichtiger Stammfunktionen

Sie finden auf den folgenden Seiten eine kleine Zusammenstellung der wichtigsten Stammfunktionen, die im Grundkurs benötigt werden. Überzeugen Sie sich in jedem der angeführten Beispiele, dass $F'(x) = f(x)$ erfüllt ist.

Funktion f	Stammfunktion F	D_F
Integration von Potenzen:		
$f(x) = x^r,\ r \neq -1$	$F(x) = \frac{x^{r+1}}{r+1}$	D_{max}
$f(x) = x$	$F(x) = \frac{x^2}{2}$	$\mathbb{R}$
$f(x) = x^2$	$F(x) = \frac{x^3}{3}$	$\mathbb{R}$
$f(x) = \sqrt{x} = x^{\frac{1}{2}}$	$F(x) = \frac{2}{3} \cdot x^{\frac{3}{2}}$	$\mathbb{R}_0^+$
$f(x) = \frac{1}{\sqrt{x}} = x^{\frac{-1}{2}}$	$F(x) = 2 \cdot \sqrt{x}$	$\mathbb{R}^+$
$f(x) = \frac{1}{x}$	$F(x) = \ln \lvert x \rvert$	$\mathbb{R}^\pm$
$f(x) = \frac{1}{x^2} = x^{-2}$	$F(x) = -\frac{1}{x}$	$\mathbb{R}^\pm$
Integration trigonometrischer Funktionen:		
$f(x) = \sin x$	$F(x) = -\cos x$	$\mathbb{R}$
$f(x) = \cos x$	$F(x) = \sin x$	$\mathbb{R}$
$f(x) = \tan x$	$F(x) = -\ln \lvert \cos x \rvert$	D_{max}
$f(x) = \cot x$	$F(x) = \ln \lvert \sin x \rvert$	D_{max}
Integration der Exponentialfunktionen:		
$f(x) = e^x$	$F(x) = e^x$	$\mathbb{R}$
$f(x) = a^x = e^{x \cdot \ln a}$ mit $a > 0,\ a \neq 1$	$F(x) = \frac{e^{x \cdot \ln a}}{\ln a} = \frac{a^x}{\ln a}$	$\mathbb{R}$
Integration der Logarithmusfunktionen:		
$f(x) = \ln x$	$F(x) = x \cdot \ln x - x$	$\mathbb{R}^+$
$f(x) = \log_a x = \frac{1}{\ln a} \cdot \ln x$ mit $a > 0;\ a \neq 1$	$F(x) = \frac{1}{\ln a}(x \cdot \ln x - x)$	$\mathbb{R}^+$

Integration linearer Abwandlungen:

Ist zur Funktion f eine Stammfunktion F bekannt, dann gilt:

$\int f(ax + b)\,dx = \frac{1}{a} \cdot F(ax + b) + C, \quad a \neq 0$

$f(x) = \frac{1}{ax + b}$	$F(x) = \frac{1}{a} \cdot \ln \mid ax + b \mid$	D_{max}
$f(x) = (ax + b)^r,\ r \neq -1$	$F(x) = \frac{1}{a} \cdot \frac{(ax + b)^{r+1}}{r + 1}$	D_{max}
$f(x) = \sin(ax + b)$	$F(x) = -\frac{1}{a} \cdot \cos(ax + b)$	$\mathbb{R}$
$f(x) = e^{ax + b}$	$F(x) = \frac{1}{a} \cdot e^{ax + b}$	$\mathbb{R}$

Logarithmische Integration:

Hat der Integrand die Form $\frac{f'(x)}{f(x)} = \frac{\text{Ableitung}}{\text{Funktion}}$ oder kann er auf diese Form gebracht werden, dann gilt:

$\frac{f'(x)}{f(x)}$ $\qquad \ln \mid f(x) \mid \quad (f(x) \neq 0)$

Zur Herleitung der Formel für die logarithmische Integration bilden wir zunächst die Ableitung der Funktion $F(x) = \ln|f(x)|$ mit $f(x) \neq 0$:

$$F(x) = \begin{cases} \ln(f(x)) & \text{für } f(x) > 0 \\ \ln(-f(x)) & \text{für } f(x) < 0 \end{cases}$$

$$F'(x) = \left\{ \begin{array}{l} \frac{1}{f(x)} \cdot f'(x) = \frac{f'(x)}{f(x)} \\ \frac{1}{-f(x)} \cdot (-f'(x)) = \frac{f'(x)}{f(x)} \end{array} \right\} = \frac{f'(x)}{f(x)} \text{ für } f(x) \neq 0$$

Die Ableitung wurde dabei nach der Merkregel gebildet:

$y = \ln \ast$ hat die Ableitung $y' = \frac{1}{\ast} \cdot \ast'$

Das Symbol $\ast$ vertritt hier den Term $f(x)$ bzw. $-f(x)$ in der betragsfreien Darstellung von $F(x)$.

Die Funktion $F(x) = \ln\ |f(x)|$ ist also eine Stammfunktion von $\frac{f'(x)}{f(x)}$.

Daher gilt: $\int \frac{f'(x)}{f(x)}\,dx = \ln|f(x)| + C$ mit $C \in \mathbb{R}$

4.2 Rechenregeln für bestimmte Integrale

Die Funktionen f und g sind jeweils auf dem Intervall $[a; b]$ stetig und haben dort Stammfunktionen F und G. Zum Beweis der folgenden Regeln verwenden wir immer die Integrationsformel:

$$\int_a^b f(x)\,\mathrm{d}x = [F(x)]_a^b = F(b) - F(a)$$

Insbesondere gilt für $a = b$:

$$\int_a^a f(x)\,\mathrm{d}x = [F(x)]_a^a = F(a) - F(a) = 0, \text{ also: } \int_a^a f(x)\,\mathrm{d}x = 0$$

4.2.1 Konstanter Faktor des Integranden

Ein konstanter Faktor des Integranden kann vor das Integralzeichen gezogen werden:

$$\int_a^b k \cdot f(x)\,\mathrm{d}x = k \cdot \int_a^b f(x)\,\mathrm{d}x$$

Beweis:

Ist $F(x)$ eine Stammfunktion von $f(x)$, dann ist $k \cdot F(x)$ eine Stammfunktion von $k \cdot f(x)$, da $[k \cdot F(x)]' = k \cdot F'(x) = k \cdot f(x)$ gilt.

Damit gilt: $\int_a^b k \cdot f(x)\,\mathrm{d}x = [k \cdot F(x)]_a^b = k \cdot [F(x)]_a^b = k \cdot \int_a^b f(x)\,\mathrm{d}x$

Beispiel $\int_a^b 5 \cdot \cos x\,\mathrm{d}x = 5 \cdot \int_a^b \cos x\,\mathrm{d}x = 5 \cdot [\sin x]_a^b = 5 \cdot \sin b - 5 \cdot \sin a$

4.2.2 Integration einer Summe von Funktionen

Das Integral über eine Summe von Funktionen ist gleich der Summe der Integrale über die einzelnen Summanden.

$$\int_a^b [f(x) + g(x)]\,\mathrm{d}x = \int_a^b f(x)\,\mathrm{d}x + \int_a^b g(x)\,\mathrm{d}x$$

Beweis:

Ist $F(x)$ eine Stammfunktion von $f(x)$ und $G(x)$ eine Stammfunktion von $g(x)$, dann gilt nach der Ableitungsregel für eine Summe von Funktionen:

$[F(x) + G(x)]' = f(x) + g(x)$, das heißt, dass $F(x) + G(x)$ eine Stammfunktion von $f(x) + g(x)$ ist.

Dies gilt natürlich auch für mehrere Summanden und algebraische Summen wie $f(x) - g(x) + u(x) - v(x)$.

Damit gilt:

$$\begin{aligned}\int_a^b (f(x) + g(x))\,\mathrm{d}x &= [F(x) + G(x)]_a^b = F(b) + G(b) - (F(a) + G(a)) = \\ &= F(b) - F(a) + G(b) - G(a) = [F(x)]_a^b + [G(x)]_a^b = \\ &= \int_a^b f(x)\,\mathrm{d}x + \int_a^b g(x)\,\mathrm{d}x\end{aligned}$$

In der Praxis spaltet man das Integral über eine Summe von Funktionen *nicht* auf in eine Summe von Integralen, sondern „integriert durch".

Beispiel

$$\int_a^b (5x^3 - 2x + 10)\,\mathrm{d}x = \left[\frac{5x^4}{4} - x^2 + 10x\right]_a^b = \frac{5b^4}{4} - b^2 + 10b - \left(\frac{5a^4}{4} - a^2 + 10a\right)$$

In den meisten Fällen verwendet man die Regel aus Abschnitt 4.2.2, um zwei oder mehrere bestimmte Integrale mit gleichen Grenzen zusammenzufassen. Dabei ergibt sich oft ein einfacheres Integral.

$$\begin{aligned}\int_0^{e-1} \frac{x^2}{x+1}\,\mathrm{d}x - \int_0^{e-1} \frac{x^2-4}{x+1}\,\mathrm{d}x &= \int_0^{e-1} \left(\frac{x^2}{x+1} - \frac{x^2-4}{x+1}\right)\mathrm{d}x = \int_0^{e-1} \frac{4}{x+1}\,\mathrm{d}x = \\ &= 4 \cdot \int_0^{e-1} \frac{1}{x+1}\,\mathrm{d}x = 4 \cdot [\ln|x+1|]_0^{e-1} = \\ &= 4 \cdot \ln|e-1+1| - 4 \cdot \ln|1| = 4 \cdot \ln|e| - 4 \cdot 0 = 4\end{aligned}$$

(Beachten Sie: $\ln e = 1$; $\ln 1 = 0$)

Die Integration im Beispiel erfolgte nach dem Muster der logarithmischen Integration:

$$\int \frac{f'(x)}{f(x)}\,\mathrm{d}x = \ln|f(x)| + C \quad \text{mit} \quad f(x) \neq 0$$

Zerlegung des Integrationsintervalls

4.2.3

Eine bestimmtes Integral darf nach der folgenden Regel in eine Summe von zwei bestimmten Integralen aufgespaltet werden:

$$\int_a^b f(x)\,\mathrm{d}x = \int_a^c f(x)\,\mathrm{d}x + \int_c^b f(x)\,\mathrm{d}x \quad \text{mit} \quad c \in [a;\, b]$$

Beweis:

Ist $F(x)$ eine Stammfunktion von $f(x)$, dann können wir mit der Identität $F(c) - F(c) = 0$ wie folgt umformen:

$$\int_a^b f(x)\,dx = [F(x)]_a^b = F(b) - F(a) + F(c) - F(c) = (F(c) - F(a)) + (F(b) - F(c)) =$$

$$= [F(x)]_a^c + [F(x)]_c^b = \int_a^c f(x)\,dx + \int_c^b f(x)\,dx$$

Bemerkung:

Ist die Funktion $f(x)$ auf einem Intervall D *stetig*, dann gilt unabhängig von der gegenseitigen Lage der Grenzen a, b und c immer die Gleichung:

$$\int_a^b f(x)\,dx = \int_a^c f(x)\,dx + \int_c^b f(x)\,dx$$

4.2.4 Vertauschen der Integrationsgrenzen

Vertauscht man in einem bestimmten Integral die Integrationsgrenzen, so wechselt das bestimmte Integral das Vorzeichen.

$$\int_a^b f(x)\,dx = -\int_b^a f(x)\,dx$$

Beweis:

Ist $F(x)$ eine Stammfunktion von $f(x)$, dann können wir wie folgt umformen:

$$\int_a^b f(x)\,dx = [F(x)]_a^b = F(b) - F(a) = -(F(a) - F(b)) = -[F(x)]_b^a = -\int_b^a f(x)\,dx$$

4.2.5 Symmetrie der Integrandenfunktion

Eine Funktion f heißt **gerade** Funktion, wenn für alle $x \in D_f$ die Beziehung $f(-x) = f(x)$ erfüllt ist. Der Graph der Funktion f liegt dann **achsensymmetrisch** zur $f(x)$-Achse. Vergleichen Sie dies in der Figur 12.

Figur 12

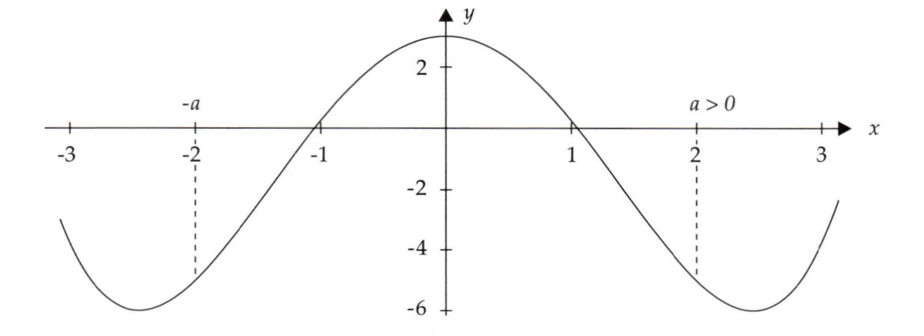

Ist f eine *gerade* Funktion, dann gilt: $\int\limits_{-a}^{a} f(x)\,\mathrm{d}x = 2 \cdot \int\limits_{0}^{a} f(x)\,\mathrm{d}x, \quad a > 0$

Beweis:

Die Funktion $f(x)$ hat auf $[-a;\ a]$ die Stammfunktion $F(x)$, es gilt also: $F'(x) = f(x)$

Ersetzen wir in $F'(x) = f(x)$ die Variable x durch $-x$ und beachten für die gerade Funktion f die Beziehung $f(-x) = f(x)$, dann gilt $F'(-x) = f(-x) = f(x)$. Durch Multiplikation mit -1 erhalten wir dann die Gleichung:

$-F'(-x) = -f(-x) = -f(x)$ bzw. $-F'(-x) = -f(x)$

Die linke Seite der letzten Gleichung, also $-F'(-x)$, ist aber die Ableitung der Funktion $F(-x)$, wenn wir nach der Kettenregel differenzieren:

$y = F(-x) = F(z)$ mit $z = -x$

$$y' = \frac{\mathrm{d}F}{\mathrm{d}z} \cdot \frac{\mathrm{d}z}{\mathrm{d}x} = F'(z) \cdot (-1) = -F'(-x)$$

Damit erhalten wir aus $-F'(-x) = -f(x)$ die Gleichung $[F(-x)]' = -f(x)$ und stellen fest: Die Funktion $F(-x)$ ist eine Stammfunktion der Funktion $-f(x)$, wenn die Funktion f *gerade* ist.

Nun können wir wie folgt umformen:

$$\int\limits_{-a}^{a} f(x)\,\mathrm{d}x = \int\limits_{-a}^{0} f(x)\,\mathrm{d}x + \int\limits_{0}^{a} f(x)\,\mathrm{d}x = -\int\limits_{0}^{-a} f(x)\,\mathrm{d}x + \int\limits_{0}^{a} f(x)\,\mathrm{d}x =$$

$$= \int\limits_{0}^{-a} (-f(x))\,\mathrm{d}x + \int\limits_{0}^{a} f(x)\,\mathrm{d}x = [F(-x)]_0^{-a} + \int\limits_{0}^{a} f(x)\,\mathrm{d}x = \qquad |-(-a) = a$$

$$= F(a) - F(0) + \int\limits_{0}^{a} f(x)\,\mathrm{d}x = [F(x)]_0^a + \int\limits_{0}^{a} f(x)\,\mathrm{d}x =$$

$$= \int\limits_{0}^{a} f(x)\,\mathrm{d}x + \int\limits_{0}^{a} f(x)\,\mathrm{d}x = 2 \cdot \int\limits_{0}^{a} f(x)\,\mathrm{d}x$$

also: $\int\limits_{-a}^{a} f(x)\,\mathrm{d}x = 2 \cdot \int\limits_{0}^{a} f(x)\,\mathrm{d}x$, wenn f eine *gerade* Funktion ist.

Beispiel 1

$$\int\limits_{-3}^{3} \cos x\,\mathrm{d}x = 2 \cdot \int\limits_{0}^{3} \cos x\,\mathrm{d}x = 2 \cdot [\sin x]_0^3 = 2 \cdot \sin 3 - 2 \cdot \sin 0 = 2 \cdot \sin 3 = 0{,}2822$$

Beispiel 2

$$\int\limits_{-8}^{8} (x^4 - 3x^2 + 5)\,\mathrm{d}x = 2 \cdot \int\limits_{0}^{8} (x^4 - 3x^2 + 5)\,\mathrm{d}x = 2 \cdot \left[\frac{x^5}{5} - x^3 + 5x\right]_0^8 =$$

$$= 2 \cdot \left(\frac{8^5}{5} - 8^3 + 5 \cdot 8\right) - 2 \cdot (0) = 2 \cdot \left(\frac{32\,768}{5} - 512 + 40\right) =$$

$$= 12\,163{,}2$$

Beispiel 3 $\int_{-1}^{1} \sin|x|\,\mathrm{d}x = 2 \cdot \int_{0}^{1} \sin x\,\mathrm{d}x = 2 \cdot [-\cos x]_0^1 = 2 \cdot (-\cos 1) - 2 \cdot (-\cos 0) =$

$$= 2 \cdot (-0{,}5403) - 2 \cdot (-1) = -1{,}0806 + 2 = 0{,}9194$$

Beachten Sie in diesem Beispiel: $\sin|x| = \sin x$, da $x \geqq 0$

Eine Funktion f wird **ungerade** genannt, wenn für alle $x \in D_f$ die Beziehung $f(-x) = -f(x)$ erfüllt ist. Der Graph der Funktion f liegt dann **punktsymmetrisch** zum Ursprung O des Koordinatensystems. Vergleichen Sie mit Figur 13.

Figur 13

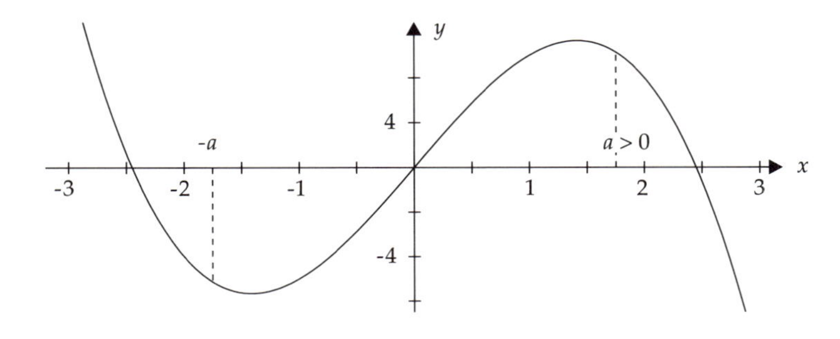

Ist f eine *ungerade* Funktion, dann gilt: $\int_{-a}^{a} f(x)\,\mathrm{d}x = 0, \quad a > 0$

Beweis:

Die Funktion $f(x)$ hat auf $[-a;\, a]$ die Stammfunktion $F(x)$, es gilt also: $F'(x) = f(x)$

Ersetzen wir in $F'(x) = f(x)$ die Variable x durch $-x$ und beachten für die ungerade Funktion f die Beziehung $f(-x) = -f(x)$, dann erhalten wir die Gleichung $F'(-x) = f(-x) = -f(x)$. Durch Multiplikation mit -1 ergibt sich daraus $-F'(-x) = -f(-x) = f(x)$.

Wie vorher gilt auch hier nach der Kettenregel: $-F'(-x) = [F(-x)]'$

Setzen wir dies in die letzte Gleichung ein, so folgt $[F(-x)]' = f(x)$ und wir stellen diesmal fest: Die Funktion $F(-x)$ ist eine Stammfunktion der Funktion $f(x)$, wenn die Funktion f *ungerade* ist.

Nun können wir so umformen:

$$\int_{-a}^{a} f(x)\,\mathrm{d}x = \int_{-a}^{0} f(x)\,\mathrm{d}x + \int_{0}^{a} f(x)\,\mathrm{d}x = [F(-x)]_{-a}^{0} + \int_{0}^{a} f(x)\,\mathrm{d}x =$$

$$= F(0) - F(a) + \int_{0}^{a} f(x)\,\mathrm{d}x = -(F(a) - F(0)) + \int_{0}^{a} f(x)\,\mathrm{d}x =$$

$$= -\,[F(x)]_0^a + \int_{0}^{a} f(x)\,\mathrm{d}x = -\int_{0}^{a} f(x)\,\mathrm{d}x + \int_{0}^{a} f(x)\,\mathrm{d}x = 0$$

also: $\int\limits_{-a}^{a} f(x)\,\mathrm{d}x = 0$, wenn f eine *ungerade* Funktion ist.

Beispiele

$\int\limits_{-2}^{2} \sin x\,\mathrm{d}x = 0$

$\int\limits_{-5}^{5} (x^3 + x)\,\mathrm{d}x = 0$

$\int\limits_{-4}^{4} x \cdot |x|\,\mathrm{d}x = 0$

$\int\limits_{-3}^{3} \sin x \cdot \cos x\,\mathrm{d}x = 0$

Verschiedene Darstellungen der Integralfunktion 4.3

In Abschnitt 4.1.1 hatten wir die Integralfunktion kennen gelernt und dort festgelegt:

Ist die Funktion f in einem Intervall I stetig, so heißt jede in I erklärte Funktion F mit dem Funktionsterm $F(x) = \int\limits_{a}^{x} f(t)\,\mathrm{d}t$ und $a \in I$ eine **Integralfunktion** der Funktion f.

Bisher können wir aber nur an einer Stelle, nämlich $x = a$, den Funktionswert $F(a)$ berechnen: $F(a) = \int\limits_{a}^{a} f(t)\,\mathrm{d}t = 0$

Wir überlegen nun, wie wir den Funktionswert $F(x_0)$ an einer beliebigen Stelle $x_0 \neq a$ angeben können.

In der Gleichung $F(x_0) = \int\limits_{a}^{x_0} f(t)\,\mathrm{d}t$ steht auf der rechten Seite nun ein bestimmtes Integral mit den festen Grenzen a und x_0. Den Wert dieses bestimmten Integrals können wir aber mithilfe der Integrationsformel (vergleiche Abschnitt 4.1.3) berechnen, wenn wir eine beliebige Stammfunktion der Funktion $f(t)$ kennen. Ist $G(t)$ eine Stammfunktion der Funktion $f(t)$, gilt also $G'(t) = f(t)$, dann folgt:

$F(x_0) = G(x_0) - G(a)$

Da aber x_0 eine beliebige Stelle aus dem Intervall I ist, dürfen wir x_0 durch $x \in I$ ersetzen, und erhalten so:

$F(x) = G(x) - G(a)$

Mit anderen Worten: Nach Ausführung der Integration erhalten wir mithilfe der Integrationsformel eine neue Darstellung der Integralfunktionen ohne Integralzeichen.

Beispiel 1 Die Integralfunktion $F(x) = \int_3^x (2t + 5)\,dt$ mit $D_F = \mathbb{R}$ soll ohne Integralzeichen dargestellt werden.

$$F(x) = \int_3^x (2t + 5)\,dt = [t^2 + 5t]_3^x = x^2 + 5x - (3^2 + 5 \cdot 3) = x^2 + 5x - 24$$

$$F(x) = x^2 + 5x - 24$$

Nun können wir für jede Stelle $x \in D_F = \mathbb{R}$ den Funktionswert $F(x)$ der Integralfunktion F berechnen.

Beispiel 2 Gegeben ist die Funktion $F(x) = \int_x^2 t^2 dt$ mit $D_F = \mathbb{R}$.

Die Funktion $F(x)$ soll als Integralfunktion mit und ohne Verwendung des Integralzeichens dargestellt werden.

Sie werden zunächst den Kopf schütteln und sagen, dass die Funktion $F(x)$ doch bereits mithilfe eines Integralzeichens vorgegeben ist. Das stimmt schon, aber $F(x)$ ist in der obigen Darstellung *keine* Integralfunktion, da die Vereinbarung über die Integrationsgrenzen (untere Grenze fest, obere Grenze variabel) nicht erfüllt ist.

In Abschnitt 4.2.4 hatten wir gezeigt, dass das bestimmte Integral beim Vertauschen der Integrationsgrenzen das Vorzeichen wechselt. Damit können wir $F(x)$ als Integralfunktion angeben, wenn wir den konstanten Faktor -1 noch zum Integranden hinter das Integralzeichen nehmen. Dies dürfen wir nach Abschnitt 4.2.1 tun:

$$F(x) = \int_x^2 t^2 dt = -\int_2^x t^2 dt = \int_2^x (-t^2)\,dt$$

Die Funktion $F(x)$ ist also eine Integralfunktion der Funktion $f(x) = -x^2$ und nach dem Hauptsatz der Differenzial- und Integralrechnung gilt: $F'(x) = -x^2$

Ohne die obigen Umformungen könnten wir leicht auf die *falsche* Behauptung $F'(x) = x^2$ hereinfallen. Achten Sie besonders in Prüfungen auf diese Falle!
Alle Eigenschaften und Lehrsätze über Integralfunktionen beziehen sich stets darauf, dass die *obere* Grenze des Integrals *variabel* ist.

Eine Darstellung der Integralfunktion $F(x)$ ohne Integralzeichen erhalten wir durch Ausführen der Integration und Anwendung der Integrationsformel:

$$F(x) = \int_2^x (-t^2)\,dt = \left[-\frac{t^3}{3}\right]_2^x = -\frac{x^3}{3} + \frac{8}{3}$$

11.1 Für welche Werte $\beta \in \mathbb{R}$ gilt: $\int_1^\beta (x^3 + x)\,dx = 3$?

Aufgabe 11

11.2 Für welchen Wert von $k \in \mathbb{R}$ gilt: $\int_1^2 \frac{2x^3 + k}{x^2}\,dx = 1$?

11.3 Berechnen Sie $k \in \mathbb{R}^+$ so, dass gilt: $\int_0^1 \frac{x}{4} \cdot (x - 6k)^2 dx = \frac{1}{16}$

Gegeben ist das bestimmte Integral $\int_6^\beta \frac{2x-8}{x^2 - 8x + 15}\,dx$.

Aufgabe 12

12.1 Untersuchen Sie den Integranden auf Nullstellen, Polstellen und Asymptoten und skizzieren Sie den Verlauf des Graphen.

12.2 Welcher Bedingung muss β genügen, damit das obige Integral existiert?

12.3 Für welchen Wert von β gilt $\int_6^\beta \frac{2x-8}{x^2 - 8x + 15}\,dx = \ln\frac{5}{3}$?

Gegeben ist die Integralfunktion F durch: $F(x) = \int_4^x (-t^2 + 4t)\,dt$ mit $D_F = \mathbb{R}$

Aufgabe 13

13.1 Bestimmen Sie den Term $F(x)$ und alle Nullstellen von F. Geben Sie die vollständige Zerlegung von $F(x)$ in Linearfaktoren an.

13.2 Skizzieren Sie den Verlauf des Graphen von F.

Gegeben ist die in $\mathbb{R}$ erklärte Funktion $f(x) = 2x$.

Aufgabe 14

14.1 Wie lautet die Menge aller Integralfunktionen von f?

14.2 Der Graph einer bestimmten Integralfunktion von f hat die Gerade $y = x - 3$ als Tangente.
Geben Sie für diese Integralfunktion die möglichen Darstellungen mit Integralzeichen an.

Von der Integralfunktion F ist bekannt: Ihre einzige Nullstelle ist $x = 1$ und die Zuordnungsvorschrift lautet $F(x) = \int_a^x \frac{t^2 - 1}{t^2}\,dt$.

Aufgabe 15

15.1 Bestimmen Sie die (maximale) Definitionsmenge D_F und untersuchen Sie das Verhalten der Funktionswerte $F(x)$ an den Rändern der Definitionsmenge D_F.

15.2 Untersuchen Sie den Graphen der Funktion $F(x)$ auf lokale Extrempunkte, Wendepunkte und Asymptoten.

15.3 Skizzieren Sie die Graphen der Funktionen F, F' und F''.

15.4 Berechnen Sie das bestimmte Integral $\int_1^5 \frac{x^2-1}{x^2}\,dx$.

Aufgabe 16 Von der Integralfunktion $F(x)$ ist bekannt: Ihre einzige Nullstelle ist $x = -\sqrt[3]{2}$ und die Zuordnungsvorschrift lautet $F(x) = \int_a^x \frac{t^3-1}{t^2}\,dt$ mit $D_{F,\max}$.

16.1 Bestimmen Sie $D_{F,\max}$.

16.2 Geben Sie für $F(x)$ die Darstellung mit und ohne Integralzeichen an.

16.3 Untersuchen Sie das Verhalten der Funktionswerte $F(x)$ an den Rändern von D_F.

16.4 Untersuchen Sie den Graphen von F auf lokale Extrempunkte, Wendepunkte und Asymptoten.

16.5 Skizzieren Sie die Graphen der Funktionen F, F' und F''.

16.6 Berechnen Sie das bestimmte Integral $\int_{-2}^{-1} \frac{x^3-1}{x^2}\,dx$.

Monotonieeigenschaft bestimmter Integrale

Unter der **Monotonie von bestimmten Integralen** versteht man den folgenden Sachverhalt:

Aus $f(x) \leqq g(x)$ für alle $x \in [a; b]$ folgt $\int_a^b f(x)\,dx \leqq \int_a^b g(x)\,dx$.

Beispiel

Mit $f(x) = \frac{1}{x^2}$ und $g(x) = \frac{1}{x}$ ist in $D_f = D_g = \mathbb{R}^+$ die Ungleichung $f(x) \leqq g(x)$ bzw. $\frac{1}{x^2} \leqq \frac{1}{x}$ erfüllt und es gilt: $\int_1^5 \frac{1}{x^2}\,dx \leqq \int_1^5 \frac{1}{x}\,dx$

In Kapitel 3 hatten wir in der Beweisführung für den Mittelwertsatz der Integralrechnung die so genannte Abschätzbarkeitsbedingung verwendet. Ist für die stetige Funktion f auf dem Intervall $[a; b]$ die Zahl m das Minimum und die Zahl M das Maximum der Funktionswerte $f(x)$, gilt also $m \leqq f(x) \leqq M$, dann ist mit der Länge $(b - a)$ des Integrationsintervalls auch die folgende Ungleichungskette erfüllt:

$$m(b-a) \leqq \int_a^b f(x)\,dx \leqq M(b-a)$$

Diese Abschätzbarkeitsbedingung können wir nun mithilfe der Monotonie von bestimmten Integralen begründen:

Aus $m \leqq f(x)$ für alle $x \in [a; b]$ folgt $\int_a^b m\,dx \leqq \int_a^b f(x)\,dx$.

Mit $\int_a^b m\,dx = m \cdot \int_a^b 1 \cdot dx = m \cdot [x]_a^b = m(b-a)$ erhalten wir dann:

$m(b-a) \leqq \int_a^b f(x)\,dx$

Aus $f(x) \leqq M$ für alle $x \in [a; b]$ folgt $\int_a^b f(x)\,dx \leqq \int_a^b M\,dx$.

Mit $\int_a^b M\,dx = M \cdot \int_a^b 1 \cdot dx = M \cdot [x]_a^b = M(b-a)$ folgt nun: $\int_a^b f(x)\,dx \leqq M(b-a)$

also: $m(b-a) \leqq \int_a^b f(x)\,dx \leqq M(b-a)$

Wir betrachten die in $\mathbb{R}^+$ streng monoton fallende Funktion f mit $f(x) = \frac{1}{x}$.
Im Intervall [1; 5] gilt dann: $m = \frac{1}{5}$ und $M = 1$

Die Länge $(b - a)$ des Integrationsintervalls ist jetzt $5 - 1 = 4$ und es gilt die Abschätzung:

$$\frac{1}{5} \cdot 4 \leqq \int_1^5 \frac{1}{x}\,\mathrm{d}x \leqq 1 \cdot 4$$

Flächeninhalt

6.

Bei der Berechnung des Flächeninhalts F eines Rechtecks mit den Seitenlängen $a = 3\ \text{m}$ und $b = 5\ \text{m}$ erhalten wir mit der Formel $F = a \cdot b$ für den Flächeninhalt von Rechtecken das Ergebnis $F = 3\ \text{m} \cdot 5\ \text{m} = 15\ \text{m}^2$. Das heißt aber, dass der Flächeninhalt $F = 15\ \text{m}^2$ durch ein Produkt aus der *Maßzahl* 15 und der *Einheit* $1\ \text{m}^2$ beschrieben wird.
Ebenso ist dies bei anderen physikalischen Größen wie einer Masse $m = 3\ \text{kg} = 3 \cdot 1\ \text{kg}$, einem Volumen $V = 5\ \text{m}^3 = 5 \cdot 1\ \text{m}^3$ oder einer Länge $d = 7\ \text{m} = 7 \cdot 1\ \text{m}$.

Einigen wir uns aber auf eine bestimmte Längeneinheit 1 L.E., die im kartesischen Koordinatensystem auf beiden Achsen gleich ist, dann ist der Flächeninhalt einer Figur bereits durch die Angabe der Maßzahl A festgelegt.

Mit anderen Worten: Werden Flächeninhalte als Vielfache derselben Flächeneinheit 1 F.E. angegeben, dann genügt die Kenntnis der Maßzahl A. Es leuchtet auch ein, dass wir einem Flächeninhalt eine *positive* Maßzahl $A > 0$ zuordnen.

Weiterhin legen wir fest:

Eine Fläche heißt **messbar**, wenn die Berechnung des Flächeninhalts eine *endliche* Maßzahl $A > 0$ ergibt.

Der Frage nach der Messbarkeit einer Fläche kommt im Rahmen dieses Buches dann besondere Bedeutung zu, wenn sich die betrachtete Fläche ins Unendliche erstreckt (vergleichen Sie dazu die Abschnitte 8.1 und 8.2).

In den Aufgaben zu Flächenberechnungen finden Sie verschiedene Redeweisen. Hier einige Beispiele:

Redeweise 1: Berechnen Sie die **Fläche**, die in der Figur schraffiert ist.

Redeweise 2: Berechnen Sie den **Flächeninhalt** der Fläche.

Redeweise 3: Berechnen Sie die **Maßzahl** A der schraffierten Fläche.

Wir werden die Redeweise 3 bevorzugen, aber auch die beiden anderen Redeweisen verwenden, da diese in Prüfungsaufgaben vorkommen.

Bemerkung:

Es gibt auch sinnvolle negative Maßzahlen. Diese treten auf, wenn die Abnahme einer physikalischen Größe beschrieben wird oder ein Nullniveau festgelegt ist.

Beispiele Fällt die elektrische Spannung von $U_1 = 20$ V auf $U_2 = 15$ V, dann schreibt man dafür: $\Delta U = U_2 - U_1 = 15\text{ V} - 20\text{ V} = -5\text{ V}$

Bei Temperaturangaben ist es üblich, die Abweichung der Temperatur von 0 °C durch ein Vorzeichen anzugeben.
Etwa: $T_1 = +20\,°\text{C}$, $T_2 = -15\,°\text{C}$

6.1 Bestimmtes Integral und Flächeninhalt

In Abschnitt 2.2.3 hatten wir die Grenzwertdarstellung des bestimmten Integrals einer stetigen Funktion f kennen gelernt.

Es gilt: $\int\limits_a^b f(x)\,\mathrm{d}x = \lim\limits_{n \to \infty} \sum\limits_{k=1}^{n} f(x_k) \cdot (\Delta x)_k$

Darin bedeutet $f(x_k)$ den Funktionswert an einer beliebigen Stelle x_k des k-ten Teilintervalls und $(\Delta x)_k = a_k - a_{k-1}$.
Bei Integration in Richtung zunehmender x-Werte (also nach rechts) gilt $(\Delta x)_k > 0$ (kurz: $\mathrm{d}x > 0$). Integrieren wir in Richtung abnehmender x-Werte (also nach links), dann ist $(\Delta x)_k < 0$ (kurz: $\mathrm{d}x < 0$). Vergleichen Sie dazu die Ausführungen im Abschnitt 4.1.1.

Haben nun die Funktionswerte $f(x)$ einer stetigen Funktion f auf einem abgeschlossenen Intervall einheitliches Vorzeichen ($f(x) > 0$ oder $f(x) < 0$, wobei wir auch noch $f(x) = 0$ zulassen), dann können wir für den Wert des bestimmten Integrals ein Vorzeichen festlegen. Dabei müssen wir das Vorzeichen von $f(x)$ auf dem Intervall und das Vorzeichen von $\mathrm{d}x$ beachten. Das Vorzeichen von $\mathrm{d}x$ ergibt sich aus der Integrationsrichtung.

Figur 14

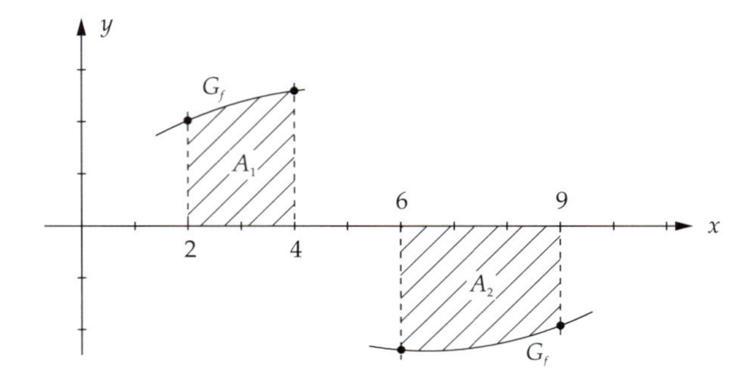

Vergleichen Sie in der Figur 14: $\int\limits_2^4 f(x)\,\mathrm{d}x > 0$, da $f(x) > 0$ und $\mathrm{d}x > 0$

$\int\limits_4^2 f(x)\,\mathrm{d}x < 0$, da $f(x) > 0$, aber $\mathrm{d}x < 0$

$$\int_6^9 g(x)\,\mathrm{d}x < 0, \quad \text{da } g(x) < 0, \text{ aber } \mathrm{d}x > 0$$

$$\int_9^6 g(x)\,\mathrm{d}x > 0, \quad \text{da } g(x) < 0 \text{ und } \mathrm{d}x < 0$$

Für die Berechnung der positiven Maßzahlen A_1 und A_2 der in der Figur 14 schraffierten Flächen können wir dann so vorgehen:

$$A_1 = \int_2^4 f(x)\,\mathrm{d}x > 0, \quad A_2 = \int_9^6 g(x)\,\mathrm{d}x > 0$$

Berechnung von Flächeninhalten 6.2

Fläche oberhalb der *x*-Achse 6.2.1

In allen in der Figur 15 gezeichneten Fällen liegen die Flächen oberhalb der x-Achse. Für die Funktionswerte gilt $f(x) > 0$ und an einigen Stellen auch $f(x) = 0$.

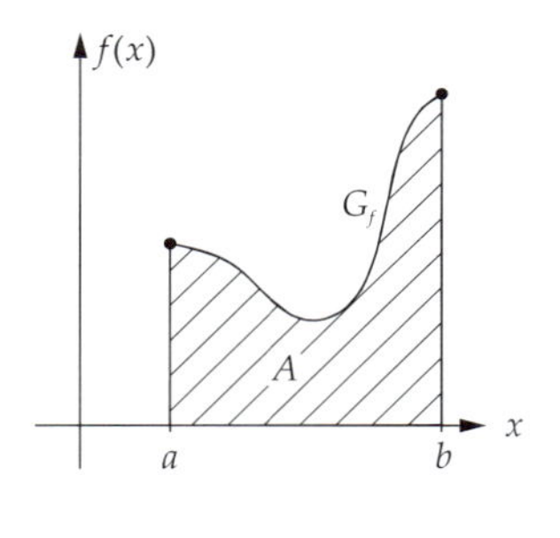

Figur 15

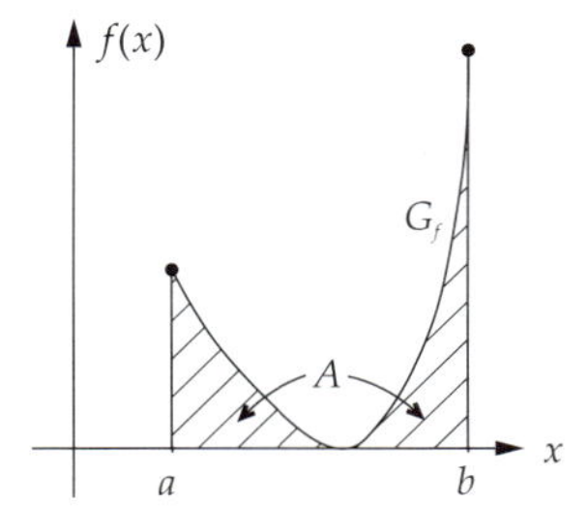

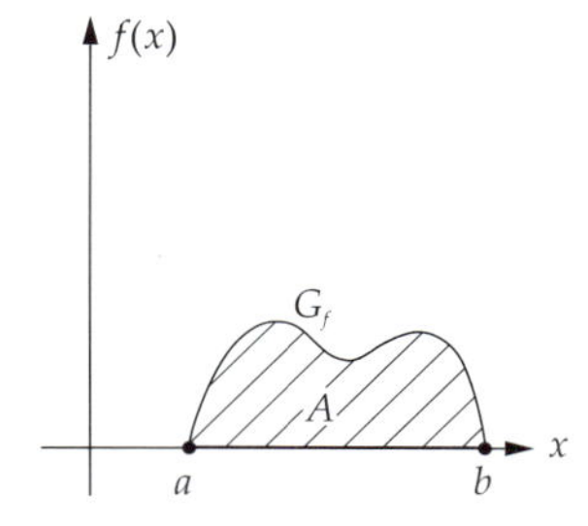

Integrieren wir in Richtung zunehmender x-Werte ($\mathrm{d}x > 0$), dann erhalten wir wegen $f(x) \geqq 0$ immer die positive Maßzahl $A > 0$ der schraffierten Fläche:

$$A = \int_a^b f(x)\,\mathrm{d}x > 0$$

Gegeben ist das Rechteck *ABCD* durch die Eckpunkte $A(-1; 0)$, $B(1; 0)$, $C(1; 0{,}5)$ und $D(-1; 0{,}5)$.
Der Graph einer ganzrationalen Funktion $g(x)$ zweiten Grades geht durch die Eckpunkte *A* und *B* und zerlegt das Rechteck *ABCD* in zwei flächengleiche Teile.
Wie lautet der Funktionsterm $g(x)$?

Figur 16

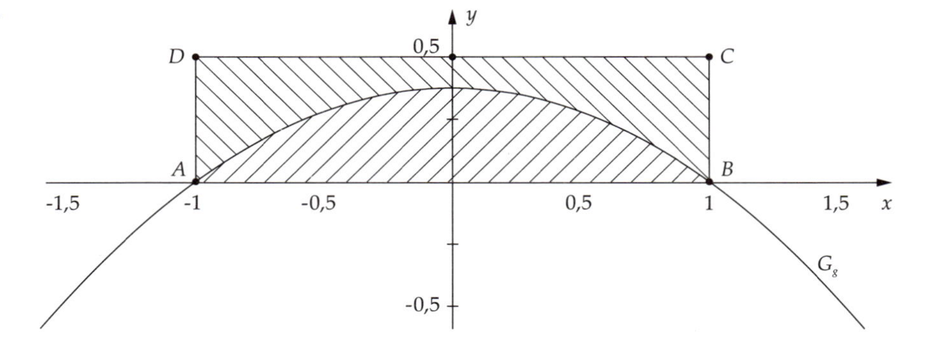

Vergleichen Sie in der Figur 16: Der Graph von g ist eine Parabel durch die Punkte *A* und *B* und nach unten geöffnet.
Der Term einer ganzrationalen Funktion $g(x)$ zweiten Grades lautet allgemein $g(x) = ax^2 + bx + c$. Wenn $g(x)$ die Nullstellen x_1 und x_2 hat, dann lautet die Zerlegung von $g(x)$ in Linearfaktoren: $g(x) = a \cdot (x - x_1) \cdot (x - x_2)$

Mit den Nullstellen $x = -1$ und $x = 1$ der Parabel machen wir für $g(x)$ den folgenden Ansatz:

$$g(x) = a \cdot (x + 1) \cdot (x - 1) = a \cdot (x^2 - 1)$$

Für die Fläche A_R des Rechtecks *ABCD* gilt: $A_R = 2 \cdot 0{,}5 = 1$

Da in der Figur 16 die senkrecht und die schräg schraffierten Flächenteile gleich groß sind und diese Flächensumme die Maßzahl 1 hat, gilt für die Fläche zwischen der Parabel und der x-Achse:

$$\int_{-1}^{1} a \cdot (x^2 - 1)\,\mathrm{d}x = \frac{1}{2}$$

$$a \cdot \left[\frac{x^3}{3} - x\right]_{-1}^{1} = \frac{1}{2}$$

$$a \cdot \left(\frac{1}{3} - 1 - \left(-\frac{1}{3} - (-1)\right)\right) = \frac{1}{2}$$

$$a \cdot \left(\frac{1}{3} - 1 + \frac{1}{3} - 1\right) = \frac{1}{2}$$

$$a \cdot \left(\frac{2}{3} - 2\right) = \frac{1}{2} \quad \Rightarrow \quad a \cdot \left(-\frac{4}{3}\right) = \frac{1}{2} \quad \Rightarrow \quad a = -\frac{3}{8}$$

Also: $g(x) = -\frac{3}{8}(x^2 - 1) = \frac{3}{8}(1 - x^2)$

Fläche unterhalb der x-Achse

6.2.2

Figur 17

In der Figur 17 sehen Sie den Graphen einer Funktion f, die für alle $x \in [a; b]$ *negative* Funktionswerte $f(x) < 0$ hat.

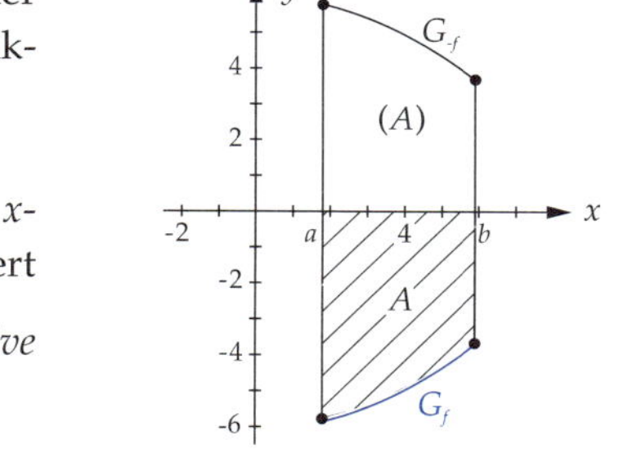

Bei Integration in Richtung *zunehmender* x-Werte, also von a nach b in der Figur 17, liefert das bestimmte Integral $\int_a^b f(x)\,dx$ eine *negative* Zahl, da $f(x) < 0$ und $dx > 0$ ist.

Zum Vorzeichen der Größe dx:

In Abschnitt 2.2.1 hatten wir bei der Erklärung der RIEMANN'schen Summen das Intervall $[a; b]$ mit $a < b$ durch Einfügen weiterer innerer Teilpunkte in abgeschlossene Teilintervalle zerlegt. Das k-te Teilintervall $[a_{k-1}; a_k]$ hatte die Länge $(\Delta x)_k = a_k - a_{k-1} > 0$.

Da die Größen $(\Delta x)_k$ in die Größe dx des bestimmten Integrals übergehen, ist $dx > 0$, wenn wir in Richtung zunehmender x-Werte integrieren.
Integrieren wir auf dem Intervall $[a; b]$ in Richtung *abnehmender* x-Werte, also von b nach a, dann folgt aus der Festlegung der Größen $(\Delta x)_k = a_k - a_{k-1}$, dass alle $(\Delta x)_k$ das Vorzeichen wechseln, also negativ werden. Bei Integration in Richtung *abnehmender* x-Werte ist im bestimmten Integral dann $dx < 0$.

In der Figur 17 erhalten wir die positive Maßzahl A für die unterhalb der x-Achse liegende Fläche, wenn wir in Richtung abnehmender x-Werte von b nach a über die Funktion $f(x)$ integrieren.

$$A = \int_b^a f(x)\,dx > 0, \text{ da } f(x) < 0 \text{ und } dx < 0$$

Damit wir in den folgenden Beispielen und vor allem in einer Prüfung nicht lange nachdenken müssen, wie im Einzelfall die positive Maßzahl A berechnet wird, überlegen wir uns Folgendes:

Spiegeln wir in der Figur 17 die unterhalb der x-Achse liegende Fläche an der x-Achse, dann ändert sich dabei die Maßzahl des Flächeninhalts nicht.
Liegt der Punkt $P(x; f(x))$ des Graphen von f unterhalb der x-Achse, dann liegt der Spiegelpunkt $P'(x; -f(x))$ oberhalb der x-Achse. Mit anderen Worten: Betrachten wir statt $f(x)$ den neuen Funktionsterm $-f(x)$, dann haben wir den Graphen von f an der x-Achse gespiegelt. Gilt $f(x) < 0$, dann ist $-f(x) > 0$.

Die positive Maßzahl A der Fläche, die jetzt oben vom Graphen der Funktion $-f(x)$, unten von der x-Achse und seitlich von den Geraden $x = a$ und $x = b$ begrenzt wird, erhalten wir durch das folgende bestimmte Integral:

$$A = \int_a^b (-f(x))\,dx > 0, \text{ da } -f(x) > 0 \text{ und } dx > 0$$

Es gibt eine *allgemeine Regel*, deren Anwendung *immer* die positive Maßzahl A einer Fläche liefert.

Betrachten Sie in der Figur 17 die schraffierte Fläche, deren Maßzahl berechnet werden soll. Diese Fläche wird durch die obere Kurve $\text{OK} = 0$ (Gleichung der x-Achse) und durch die untere Kurve $\text{UK} = f(x)$ begrenzt.

Damit gilt: $(\text{OK} - \text{UK}) = 0 - f(x) = -f(x) > 0$

bzw.: $A = \int\limits_a^b (\text{OK} - \text{UK})\,\mathrm{d}x = \int\limits_a^b (-f(x))\,\mathrm{d}x > 0$

Betrachten Sie dagegen die nach oben gespiegelte Fläche, dann ist $\text{OK} = -f(x)$ und $\text{UK} = 0$ (Gleichung der x-Achse). Auch jetzt gilt bei Integration in Richtung *zunehmender* x-Werte:

$$A = \int\limits_a^b (\text{OK} - \text{UK})\,\mathrm{d}x = \int\limits_a^b (-f(x) - 0)\,\mathrm{d}x = \int\limits_a^b (-f(x))\,\mathrm{d}x > 0$$

Wir können daher die folgende allgemeine Regel aufstellen:

Ist auf einem Intervall OK die obere und UK die untere Berandungskurve einer Fläche, dann ist $\text{OK} - \text{UK} \geqq 0$. Bei Integration in Richtung zunehmender x-Werte gilt dann immer:

$$A = \int\limits_a^b (\text{OK} - \text{UK})\,\mathrm{d}x > 0$$

Bemerkung:

Da beim Vertauschen der Integrationsgrenzen das bestimmte Integral sein Vorzeichen ändert (vergleiche Abschnitt 4.2.4), können wir bei der Auswertung des obigen Integrals so vorgehen:

$$A = \int\limits_a^b (-f(x))\,\mathrm{d}x = -\int\limits_a^b f(x)\,\mathrm{d}x = \int\limits_b^a f(x)\,\mathrm{d}x > 0$$

Gegeben ist die in $\mathbb{R}$ erklärte Funktion f durch: $f(x) = x^2 - 2 \cdot |x|$

Skizzieren Sie zunächst den Graphen von f und berechnen Sie dann die vom Graphen von f und der x-Achse begrenzte Fläche.

Wegen $|-x| = |x|$ gilt: $f(-x) = (-x)^2 - 2 \cdot |-x| = x^2 - 2 \cdot |x| = f(x)$
Aus $f(-x) = f(x)$ und $D_f = \mathbb{R}$ folgt aber, dass der Graph von f achsensymmetrisch zur y-Achse liegt.

Nullstellen von f:

$f(x) = 0$ und $x \geqq 0$:

$$x^2 - 2x = 0 \quad \Rightarrow \quad x(x-2) = 0 \quad \Rightarrow \quad x = 0 \text{ oder } x = 2$$

$f(x) = 0$ und $x < 0$:

$$x^2 + 2x = 0 \quad \Rightarrow \quad x(x+2) = 0 \quad \Rightarrow \quad x = -2 \text{ (oder Symmetrie beachten)}$$

Extrema von f für $x \geqq 0$:

$f(x) = x^2 - 2x; \quad f'(x) = 2x - 2; \quad f''(x) = 2$

$f'(x) = 0 \quad \Rightarrow \quad 2(x-1) = 0 \quad \Rightarrow \quad x = 1$

Aus $f'(1) = 0$ und $f''(1) = 2 > 0$ folgt nun der Tiefpunkt $T_1(1; f(1)) = T_1(1; -1)$.

Wegen Symmetrie: $T_2(-1; -1)$

Die Figur 18 zeigt den Verlauf des Graphen von *f*.

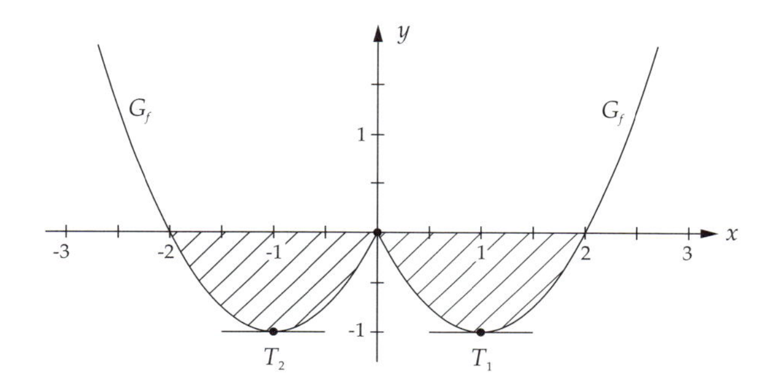

Figur 18

Flächenberechnung:

Wegen der Achsensymmetrie des Integranden (vergleichen Sie den Abschnitt 4.2.5) erhalten wir die Maßzahl der gesamten in Figur 18 schraffierten Fläche, wenn wir von 0 bis 2 über die Funktion (OK – UK) $= 0 - f(x) = -f(x)$ integrieren und dann das Ergebnis verdoppeln.

Mit $-f(x) = -(x^2 - 2x) = -x^2 + 2x$ führen wir nun die Berechnung von A durch:

$$A = 2 \cdot \int_0^2 (-x^2 + 2x)\,\mathrm{d}x = 2 \cdot \left[-\frac{x^3}{3} + x^2\right]_0^2 = 2 \cdot \left(-\frac{8}{3} + 4 - (0 - 0)\right) = 2 \cdot \frac{4}{3} = \frac{8}{3}$$

Fläche zwischen G_f und der x-Achse

6.2.3

Wenn der Graph der Funktion *f* im Intervall [*a*; *b*] die *x*-Achse an einer oder mehreren Stellen *berührt*, wird die Maßzahl der Fläche wie in den Abschnitten 6.2.1 und 6.2.2 berechnet. Interessant ist deshalb nur der Fall, dass der Graph von *f* im Intervall [*a*; *b*] die *x*-Achse *schneidet* und die Fläche teilweise unterhalb bzw. oberhalb der *x*-Achse liegt.

In der Figur 19 können wir die schraffierte Fläche in zwei Anteile zerlegen, denen wir die positiven Maßzahlen A_1 und A_2 zuordnen: $A = A_1 + A_2$

Figur 19

Im Intervall $[a; c]$ gilt:
$(\text{OK} - \text{UK}) = 0 - f(x) = -f(x)$

$$A_1 = \int_a^c (-f(x))\,dx = -\int_a^c f(x)\,dx = \int_c^a f(x)\,dx > 0$$

Im Intervall $[c; b]$ gilt:
$(\text{OK} - \text{UK}) = f(x) - 0 = f(x)$

$$A_2 = \int_c^b f(x)\,dx > 0$$

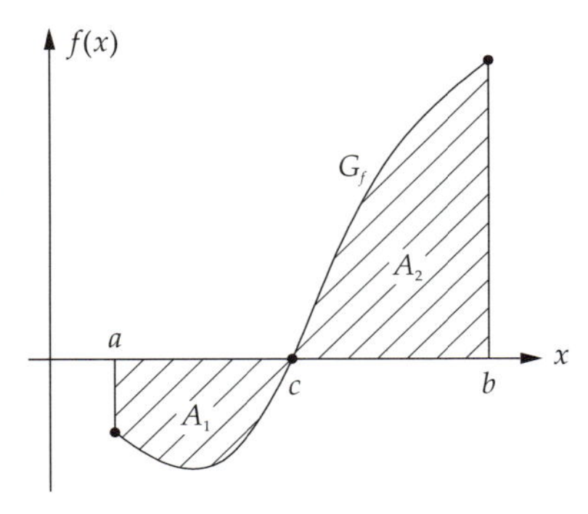

Beachten Sie unbedingt die folgenden Feststellungen:

- Das bestimmte Integral $\int_a^b f(x)\,dx$ liefert in dem in Figur 19 gezeichneten Fall *nicht* die Maßzahl der schraffierten Fläche, sondern die algebraische Summe der mit Vorzeichen versehenen einzelnen Integrale $\int_a^c f(x)\,dx$ und $\int_c^b f(x)\,dx$.
- Achten Sie auf die Aufgabenstellung! Es muss klar ausgedrückt sein, ob Sie eine *Flächenmaßzahl A* oder nur den *Wert eines bestimmten Integrals* berechnen sollen.

Gegeben ist die in $\mathbb{R}$ erklärte Funktion $f(x) = -\frac{1}{5} \cdot (x^2 - 8x)$. $F_a(x) = \int_a^x f(t)\,dt$ ist eine Integralfunktion von $f(x)$.

Zeigen Sie die Gültigkeit der Gleichung $F_0(x) = F_{12}(x)$ und deuten Sie diese Gleichung für $x = 0$ geometrisch.

Wir stellen zunächst die Funktionsterme von F_0 und F_{12} auf:

$$F_0(x) = \int_0^x (-\frac{1}{5}(t^2 - 8t))\,dt = -\frac{1}{5} \cdot \int_0^x (t^2 - 8t)\,dt = -\frac{1}{5} \cdot \left[\frac{t^3}{3} - 4t^2\right]_0^x =$$

$$= -\frac{1}{5} \cdot \left(\frac{x^3}{3} - 4x^2 - 0\right) = -\frac{1}{5} \cdot \left(\frac{x^3}{3} - 4x^2\right)$$

$$F_{12}(x) = -\frac{1}{5} \cdot \int_{12}^x (t^2 - 8t)\,dt = -\frac{1}{5} \cdot \left[\frac{t^3}{3} - 4t^2\right]_{12}^x =$$

$$= -\frac{1}{5} \cdot \left(\frac{x^3}{3} - 4x^2 - \left(\frac{12^3}{3} - 4 \cdot 12^2\right)\right) =$$

$$= -\frac{1}{5} \cdot \left(\frac{x^3}{3} - 4x^2 - 576 + 576\right) = -\frac{1}{5} \cdot \left(\frac{x^3}{3} - 4x^2\right)$$

also: $F_{12}(x) = -\frac{1}{5} \cdot \left(\frac{x^3}{3} - 4x^2\right) = F_0(x)$

Für $x = 0$ gilt: $F_0(0) = F_{12}(0) = 0$

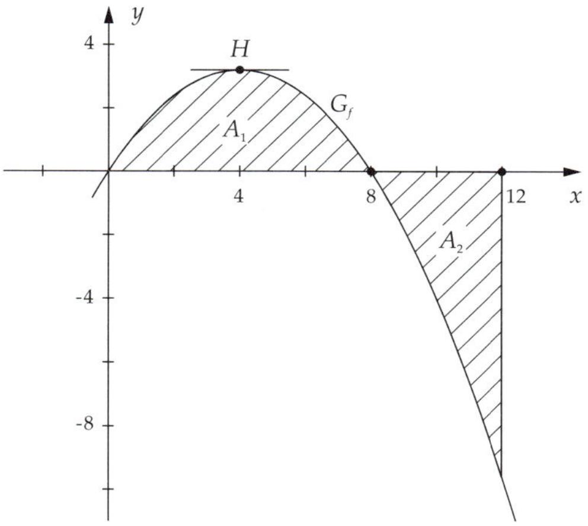

Um diese Gleichung *geometrisch* zu interpretieren, zeichnen wir zunächst den Graphen der Funktion

$f(x) = -\frac{1}{5} \cdot (x^2 - 8x)$.

Der Graph der Funktion f ist eine nach unten geöffnete Parabel mit dem Scheitel (= Hochpunkt in diesem Beispiel) $H\left(4; \frac{16}{5}\right)$. Außerdem schneidet die Parabel die x-Achse an den Stellen $x = 0$ und $x = 8$. Vergleichen Sie dazu die Figur 20.

Figur 20

Die Gleichung $F_0(0) = \int_0^0 f(t)\,dt = 0$ ist leicht zu verstehen, da nach Abschnitt 4.2 jedes bestimmte Integral mit gleicher unterer und oberer Grenze immer den Wert null hat.
Geometrisch betrachtet kann man einem Integral mit gleichen Grenzen auch gar keine Maßzahl einer Fläche zuordnen, da wir bei der Integration vereinfacht gesagt „auf der Stelle treten".

Ganz anders liegt die Sache bei der geometrischen Deutung des bestimmten Integrals $F_{12}(0) = \int_{12}^{0} f(t)\,dt = 0$.

Da in der Figur 20 der Graph des Integranden die x-Achse an der Stelle $x = 8$ schneidet, zerlegen wir das bestimmte Integral (vergleiche Abschnitt 4.2.3) wie folgt:

$$\int_{12}^{0} f(x)\,dx = \int_{12}^{8} f(x)\,dx + \int_{8}^{0} f(x)\,dx \quad \text{mit } f(x) = -\frac{1}{5} \cdot (x^2 - 8x)$$

Vergleichen Sie in der Figur 20: $\int_{12}^{8} f(x)\,dx > 0$, da in diesem Intervall $f(x) \leqq 0$ gilt und wir in Richtung abnehmender x-Werte ($dx < 0$) integrieren.

Dieses Integral liefert die *positive* Maßzahl A_2 des zugehörigen Flächenteils.

Wir können dies auch einsichtiger begründen, indem wir nach unserer Vereinbarung zur Berechnung der Maßzahl einer Fläche nun A_2 berechnen:

$$A_2 = \int_8^{12} (\mathrm{OK} - \mathrm{UK})\,\mathrm{d}x = \int_8^{12} (0 - f(x))\,\mathrm{d}x = -\int_8^{12} f(x)\,\mathrm{d}x = \int_{12}^{8} f(x)\,\mathrm{d}x > 0$$

Unter Verwendung von $f(x) = -\frac{1}{5}(x^2 - 8x)$ erhalten wir:

$$A_2 = \int_{12}^{8} \left(-\frac{1}{5}(x^2 - 8x)\right)\mathrm{d}x = \left[-\frac{1}{5}\left(\frac{x^3}{3} - 4x^2\right)\right]_{12}^{8} =$$

$$= -\frac{1}{5}\left(\frac{512}{3} - 4 \cdot 64\right) - \left(-\frac{1}{5}(576 - 576)\right) =$$

$$= -\frac{1}{5}\left(\frac{512}{3} - \frac{768}{3}\right) = -\frac{1}{5}\left(\frac{-256}{3}\right) = \frac{256}{15}$$

also: $A_2 = \frac{256}{15}$

Ebenfalls aus Figur 20 folgt: $\int_8^0 f(x)\,\mathrm{d}x < 0$, da in diesem Intervall $f(x) \geqq 0$ gilt und wir ebenfalls in Richtung abnehmender x-Werte ($\mathrm{d}x < 0$) integrieren. Dieses Integral liefert jetzt $(-A_1)$, wenn A_1 die *positive Maßzahl* der zugehörigen Fläche ist.

$$A_1 = \int_0^8 (\mathrm{OK} - \mathrm{UK})\,\mathrm{d}x = \int_0^8 (f(x) - 0)\,\mathrm{d}x = \int_0^8 f(x)\,\mathrm{d}x$$

also: $-A_1 = -\int_0^8 f(x)\,\mathrm{d}x = \int_8^0 f(x)\,\mathrm{d}x < 0$

Mit $f(x) = -\frac{1}{5}(x^2 - 8x)$ erhalten wir für A_1:

$$A_1 = \int_0^8 \left(-\frac{1}{5}(x^2 - 8x)\right)\mathrm{d}x = \left[-\frac{1}{5}\left(\frac{x^3}{3} - 4x^2\right)\right]_0^8 = -\frac{1}{5}\left(\frac{512}{3} - 4 \cdot 64\right) - 0 =$$

$$= -\frac{1}{5}\left(\frac{512}{3} - \frac{768}{3}\right) = -\frac{1}{5} \cdot \left(-\frac{256}{3}\right) = \frac{256}{15}$$

also: $A_1 = \frac{256}{15} = A_2$

Unter Verwendung der berechneten Flächenmaßzahlen A_1 und A_2 sieht die geometrische Deutung der Gleichung $F_{12}(0) = 0$ so aus:

$$\int_{12}^{0} f(x)\,\mathrm{d}x = \int_{12}^{8} f(x)\,\mathrm{d}x + \int_8^0 f(x)\,\mathrm{d}x$$

$$0 = A_2 + (-A_1)$$

$$0 = \frac{256}{15} + \left(-\frac{256}{15}\right)$$

$$0 = 0$$

Bemerkung:

Gelegentlich finden Sie die Behauptung, dass Flächen, die unterhalb der x-Achse liegen, eine negative Flächenmaßzahl haben. Dies widerspricht unserer Festlegung einer stets *positiven* Maßzahl A, die durch die Vereinbarung $A = \int_a^b (\text{OK} - \text{UK})\,\mathrm{d}x$ mit $a < b$ berechnet wird.

Aufgabe 17

Gegeben ist die Funktion $f(x) = 3x^2 - \frac{1}{4}x^4$ mit $D_f = \mathbb{R}$.

17.1 Skizzieren Sie G_f in $-4 \leqq x \leqq 4$.

17.2 Berechnen Sie den Flächeninhalt des Flächenstückes, das von G_f und der x-Achse gebildet wird.

Aufgabe 18

Gegeben ist die Funktion $f(x) = \frac{1}{4} \cdot x \cdot (x-6)^2$ mit $D_f = \mathbb{R}$.

18.1 Skizzieren Sie G_f in $-1 \leqq x \leqq 8$.

18.2 Berechnen Sie die Maßzahl des Flächeninhaltes des von G_f und der x-Achse begrenzten Flächenstückes.

Aufgabe 19

Von einer in $\mathbb{R}$ erklärten Funktion f mit $f(x) = ax^4 + bx^3 + cx^2 + dx + e$ und $a \neq 0$ ist bekannt, dass der Graph im Ursprung des Koordinatensystems einen Wendepunkt mit waagrechter Wendetangente besitzt und die x-Achse bei $x = -2$ schneidet.

19.1 Stellen Sie den Term $f(x)$ unter Verwendung des Koeffizienten a dar.

19.2 Welcher Wert ist für a zu wählen, damit das von G_f und der x-Achse eingeschlossene Flächenstück die Maßzahl $\frac{32}{15}$ hat? (Zwei Lösungen!)

Aufgabe 20

Gegeben ist die Funktion $f(x) = \frac{1}{20} \cdot x^3 \cdot (x-5)^2 + 2$ mit $D_f = \mathbb{R}$.

20.1 Berechnen Sie die Koordinaten der Extrema und die Abszissen der Wendepunkte von G_f. Skizzieren Sie den Verlauf des Graphen von f in $-2 < x < 6$.

20.2 Welchen Inhalt hat das Flächenstück zwischen dem Graphen von f, den beiden Koordinatenachsen und der Geraden $x = 3$?

Aufgabe 21

Gegeben ist die Funktion $f(x) = -\frac{1}{2}x^2 + \frac{3}{2}x + 5$, $D_f = \mathbb{R}$.

Skizzieren Sie den Graphen von f und die Tangente im Schnittpunkt von G_f mit der $f(x)$-Achse.
In welchem Verhältnis wird die von der Tangente und den Koordinatenachsen gebildete Fläche von G_f geteilt?

Aufgabe 22 Gegeben ist die Funktionenschar f_k durch:

$$f_k(x) = \frac{k}{3}x^3 - (k+1)x, \quad D_{f_k} = \mathbb{R}, \quad k > 0$$

22.1 Ermitteln Sie für die Graphen von f_k das Symmetrieverhalten, die gemeinsamen Punkte mit der x-Achse und die Koordinaten von Hoch-, Tief- und Wendepunkten in Abhängigkeit vom Parameter k.

22.2 Zeichnen Sie den zu $k = 3$ gehörenden Graphen von f_3 in $-2{,}5 \leqq x \leqq 2{,}5$.

22.3 Die positive x-Achse und der Graph der Funktion f_k schließen ein endliches Flächenstück ein. Berechnen Sie dessen Flächeninhalt $A(k)$.
Für welchen Wert von k wird $A(k)$ ein Extremum? Weisen Sie die Art dieses Extremums nach.

Aufgabe 23 Bestimmen Sie den Wert des Parameters $r \in \mathbb{R}^+$ so, dass das zwischen den positiven Koordinatenachsen und dem Graphen von f liegende Flächenstück den angegebenenen Inhalt A hat:

$$f(x) = -\frac{1}{4}x^2 + r^2; \quad A = \frac{32}{3}$$

Aufgabe 24 Gegeben ist die Funktionenschar $f_k(x) = (x-k)^2$, $D_{f_k} = \mathbb{R}$, $k \in \mathbb{R}$.

24.1 Bestimmen Sie die Maßzahl desjenigen Flächenstückes, das von der x-Achse, dem Graphen von f_k und den Geraden $x = -1$ und $x = 3$ begrenzt wird, in Abhängigkeit vom Parameter k.

24.2 Für welchen Wert von k wird dieser Flächeninhalt ein Minimum?

Aufgabe 25 Gegeben ist die Funktionenschar f_a durch:

$$f_a(x) = \left(\frac{1}{a} - \frac{1}{a^2}\right) \cdot x^2 + \left(\frac{1}{a} - 1\right) \cdot x, \quad D_{f_a} = \mathbb{R}, \quad a \in \mathbb{R}^+$$

25.1 Berechnen Sie den Flächeninhalt $A(a)$ der Fläche, die von G_{f_a} und der x-Achse eingeschlossen wird.

25.2 Bestimmen Sie a so, dass $A(a)$ einen Extremwert annimmt.
Entscheiden Sie, ob ein Maximum oder Minimum vorliegt.

Fläche zwischen zwei Graphen

6.2.4

In der Figur 21 sind auf dem Intervall $[a; b]$ die Graphen der beiden Funktionen f und g eingezeichnet. Für $x \in [a; b]$ gilt: $f(x) > g(x)$

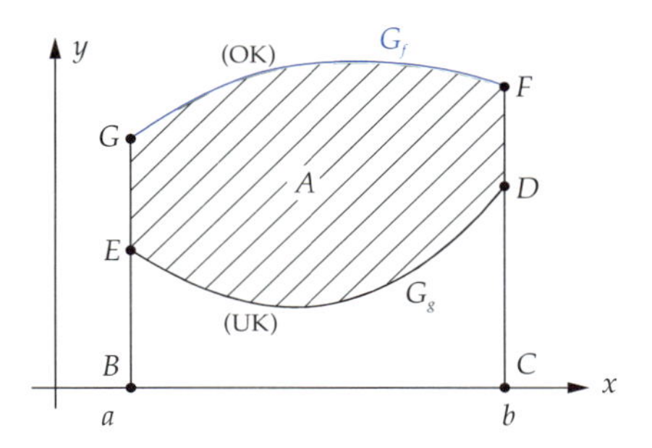

Figur 21

Die positive Maßzahl A der in Figur 21 schraffierten Fläche ist die Differenz aus den Flächenmaßzahlen A_1 der Fläche $BCFG$ und A_2 der Fläche $BCDE$.
Wegen $f(x) > g(x)$ für $x \in [a; b]$ liegt der Graph von f im Intervall $[a; b]$ oberhalb des Graphen von g.

In diesem Fall gilt: $A_1 > A_2$ und $A = A_1 - A_2 > 0$

Mit bestimmten Integralen können wir A so berechnen:

$$A = \int_a^b f(x)\,\mathrm{d}x - \int_a^b g(x)\,\mathrm{d}x$$

Da die Integrationsgrenzen der beiden Integrale übereinstimmen, können wir in diesem Fall die Flächenmaßzahl A mit *einem* bestimmten Integral darstellen:

$$A = \int_a^b (f(x) - g(x))\,\mathrm{d}x$$

Ist die Fläche zwischen zwei Graphen zu berechnen, und schneiden sich die beiden Graphen auf dem Integrationsintervall, dann treten keine senkrechten Linien als Seitengrenzen der Fläche auf. Jetzt bilden die Schnittpunkte der Graphen selbst die „Seiten" und die Abszissen der Schnittpunkte (= x-Werte) liefern die Integrationsgrenzen. Vergleichen Sie dazu das Beispiel 1 und die Figur 22.

!

Beispiel 1

Die Maßzahl der in Figur 22 schraffierten Fläche soll berechnet werden.

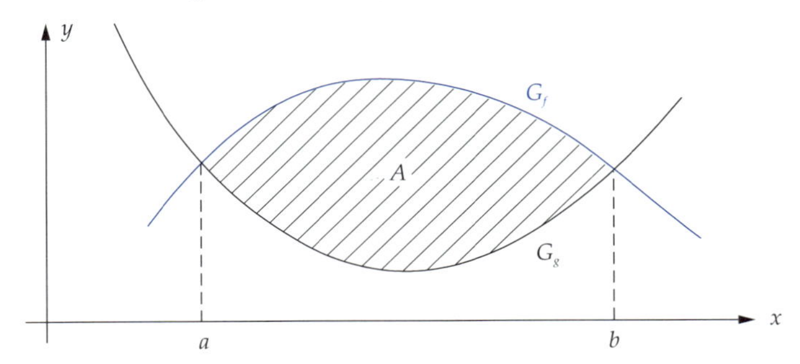

Figur 22

Ansatz für die Berechnung der positiven Flächenmaßzahl A:

$$A = \int_a^b (f(x) - g(x))\, \mathrm{d}x > 0, \quad a < b$$

!

Am gefährlichsten ist der Fall, wenn sich die Graphen der Funktionen f und g an einer inneren Stelle des Intervalls $[a; c]$ schneiden. Vergleiche Figur 23.

Für die Flächenberechnung dürfen wir nicht von a bis c integrieren, da die Graphen G_f und G_g bei Durchgang durch die Stelle $x = b$ ihre Rolle als OK und UK vertauschen. Im Intervall $[a; b]$ ist $G_f = \text{OK}$ und $G_g = \text{UK}$, aber im Intervall $[b; c]$ ist $G_f = \text{UK}$ und $G_g = \text{OK}$.

Beispiel 2 In der Figur 23 schneiden sich die Graphen an der Stelle $x = b$. Gesucht ist die Maßzahl der schraffierten Fläche.

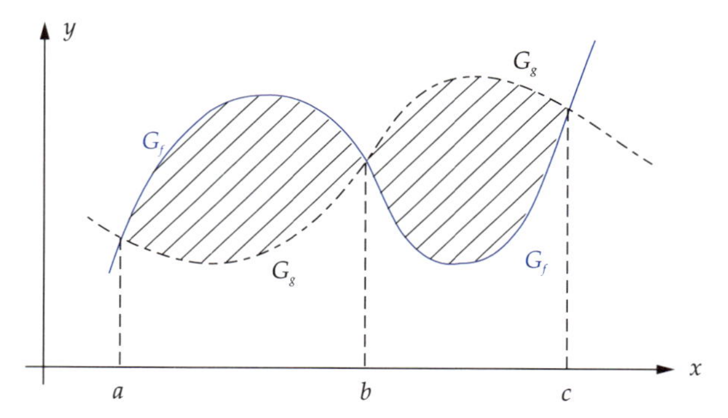

Figur 23

Beachten Sie in der Figur 23, dass im Intervall $[a; b]$ die Beziehung $f(x) \geqq g(x)$, aber im Intervall $[b; c]$ die Beziehung $g(x) \geqq f(x)$ gilt:

$$A = \int_a^b (f(x) - g(x))\, \mathrm{d}x + \int_b^c (g(x) - f(x))\, \mathrm{d}x$$

Das zweite Integral können wir mithilfe der in Abschnitt 4.2.4 begründeteten Regel über die Vertauschung der Integrationsgrenzen wie folgt umformen:

$$\int_b^c (g(x) - f(x))\, \mathrm{d}x = \int_b^c (-(f(x) - g(x)))\, \mathrm{d}x = -\int_b^c (f(x) - g(x))\, \mathrm{d}x = \int_c^b (f(x) - g(x))\, \mathrm{d}x$$

Damit erhalten wir: $A = \int_a^b (f(x) - g(x))\, \mathrm{d}x + \int_c^b (f(x) - g(x))\, \mathrm{d}x$

Der Vorteil dieser Umformung liegt darin, dass wir beim Integrieren nur *eine* Stammfunktion zu $f(x) - g(x)$ bestimmen müssen und damit Rechenfehler vermeiden.

Der in Figur 24 schraffierte Flächeninhalt soll berechnet werden.

Beispiel 3

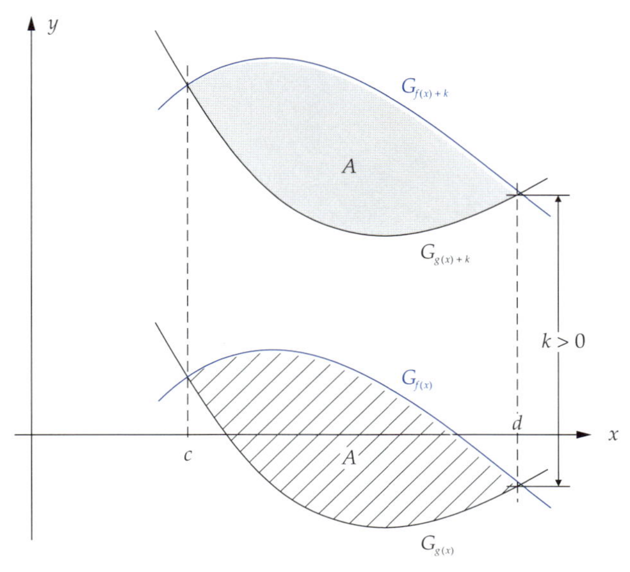

Figur 24

Obwohl nun ein Teil der Fläche unterhalb der x-Achse liegt, gilt auch in diesem Beispiel für die Berechnung der positiven Flächenmaßzahl A die folgende Formel:

$$A = \int_c^d (\mathrm{OK} - \mathrm{UK})\,\mathrm{d}x = \int_c^d (f(x) - g(x))\,\mathrm{d}x > 0, \quad c < d$$

Begründung:

Am einfachsten ist die Gültigkeit der obigen Formel einzusehen, wenn wir zu den beiden Funktionstermen $f(x)$ und $g(x)$ eine geeignete positive Konstante $k \in \mathbb{R}^+$ addieren, sodass die nun graue Fläche ganz *oberhalb der x-Achse* liegt.

Dass wir diese Konstante nicht zu bestimmten brauchen, das zeigt die folgende Überlegung:

$$A = \int_c^d (f(x) + k - (g(x) + k))\,\mathrm{d}x = \int_c^d (f(x) - g(x))\,\mathrm{d}x$$

6.2.5 Fläche zwischen mehreren Graphen

In der Figur 25 wird ein Flächenstück von den Graphen der Funktionen f_1, f_2, f_3 und f_4 begrenzt.

Figur 25

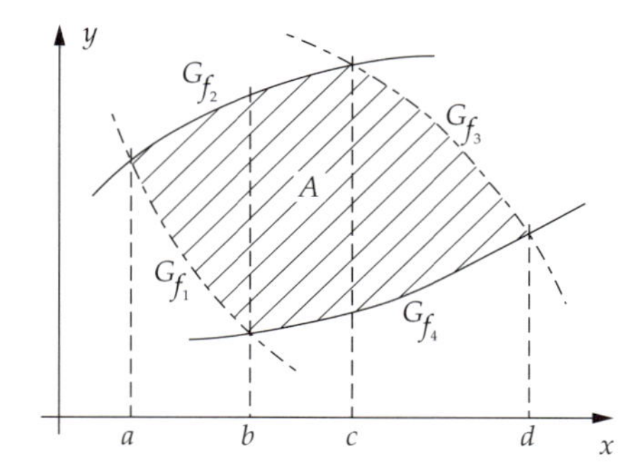

Um die Maßzahl A der Fläche zu berechnen, ziehen wir durch die Schnittpunkte der Graphen jeweils zur y-Achse parallele Geraden. Damit haben wir die ganze Fläche A in drei Teilflächen zerlegt, für die wir auf den Intervallen $[a; b]$, $[b; c]$ und $[c; d]$ dann eindeutig eine obere Berandungskurve OK und eine untere Berandungskurve UK der zugehörigen Teilfläche angeben können.

$$A = \int_a^b (f_2(x) - f_1(x))\,\mathrm{d}x + \int_b^c (f_2(x) - f_4(x))\,\mathrm{d}x + \int_c^d (f_3(x) - f_4(x))\,\mathrm{d}x$$

Musteraufgaben zur Flächenberechnung

7.

Musteraufgabe 1

Gegeben sind die in $\mathbb{R}$ erklärten Funktionen f und g durch:

$$f(x) = -\frac{1}{8}x^2 + x; \quad g(x) = -\frac{1}{64}x^3 + x$$

1. Untersuchen Sie die Graphen der Funktionen f und g auf gemeinsame Punkte und skizzieren Sie den Verlauf der Graphen im Intervall $[-3; 10]$.
2. Berechnen Sie die Maßzahl A des von den Graphen eingeschlossenen Flächenstückes.

Gemeinsame Punkte der Graphen:

$$f(x) = g(x) \quad \Rightarrow \quad -\frac{1}{8}x^2 + x = -\frac{1}{64}x^3 + x \quad | \cdot 64$$

$$-8x^2 + 64x = -x^3 + 64x$$

$$x^3 - 8x^2 = 0$$

$$x^2(x-8) = 0 \quad \Rightarrow \quad x = 0 \text{ oder } x = 8$$

Die beiden Graphen haben also die Punkte $P(0; 0)$ und $Q(8; 0)$ gemeinsam.

Da die Funktionen f und g stetig sind und im Intervall $0 < x < 8$ keine weiteren gemeinsame Punkte der beiden Graphen liegen, muss in diesem Intervall entweder $f(x) > g(x)$ oder $f(x) < g(x)$ gelten. Um dies herauszufinden wählen wir in dem Intervall eine geeignete Teststelle, etwa $x = 4$, und berechnen dort die Funktionswerte $f(4)$ und $g(4)$:

$f(4) = -2 + 4 = 2; \quad g(4) = -1 + 4 = 3$

Wegen $f(4) < g(4)$ liegt daher im Intervall $0 < x < 8$ der Graph von g über dem Graphen von f.

Schnittpunkt oder Berührpunkt der Graphen?

Die Ableitungen $f'(x) = -\frac{1}{4}x + 1$ und $g'(x) = -\frac{3}{64}x^2 + 1$ können in der Umgebung der Stelle $x = 0$ wegen $f'(0) = g'(0) = 1$ nicht zur Untersuchung der gegenseitigen Lage der Graphen von f und g herangezogen werden. Im Punkt $P(0; 0)$ haben beide Graphen die Steigung 1. Der Punkt P kann daher eine Schnitt- oder Berührstelle der beiden Graphen sein. Dies entscheidet man am einfachsten durch die Berechnung von Funktionswerten $f(x)$ und $g(x)$ in der Umgebung der Stelle $x = 0$.
Rechts von $x = 0$ haben wir oben schon herausgefunden, dass der Graph von g für $0 < x < 8$ über dem Graphen von f liegt. Für $x < 0$ wählen wir die Teststelle $x = -4$:

$f(-4) = -6; \quad g(-4) = -3$

Wegen $f(-4) < g(-4)$ liegt aber auch links von $x = 0$ der Graph von g über dem Graphen von f. Die Graphen berühren sich daher im Punkt $P(0; 0)$.

Im Punkt $Q(8; 0)$ erhalten wir für die Ableitungswerte:

$f'(8) = -1; \quad g'(8) = -2$

Der Punkt $Q(8; 0)$ ist also ein Schnittpunkt der beiden Graphen.
In der Figur 26 ist der Verlauf der Graphen von f und g eingezeichnet.

Figur 26

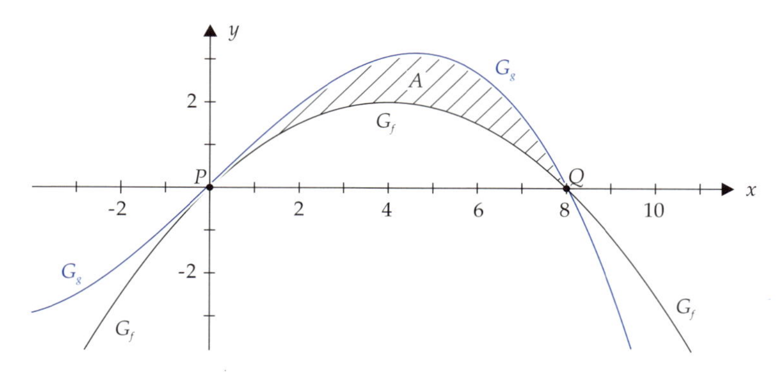

Flächenberechnung:

$$A = \int_0^8 (g(x) - f(x))\,dx = \int_0^8 \left(-\frac{1}{64}x^3 + x - \left(-\frac{1}{8}x^2 + x\right)\right) dx =$$

$$= \int_0^8 \left(-\frac{1}{64}x^3 + \frac{1}{8}x^2\right) dx = \left[-\frac{1}{64}\cdot\frac{x^4}{4} + \frac{1}{8}\cdot\frac{x^3}{3}\right]_0^8 = -16 + \frac{64}{3} - 0 = \frac{16}{3}$$

Musteraufgabe 2

Gegeben ist die Funktion $f(x) = \frac{1}{4}x^2$ in $D_f = \{x \mid x \geqq 0\}$.

1. Zeigen Sie, dass die Funktion f in D_f umkehrbar ist, und zeichnen Sie die Graphen der Funktion f und der Umkehrfunktion f^{-1}.
2. Berechnen Sie die Maßzahl des von den Graphen von f und f^{-1} eingeschlossenen Flächenstückes.

Aus $f'(x) = \frac{1}{2}x \geqq 0$ für $x \in D_{f'} = D_f$ folgt, dass die Funktion f in ihrer Definitionsmenge streng monoton zunehmend, also umkehrbar ist. (Vergleichen Sie dazu den Lehrsatz in Abschnitt 13.1 des Bandes Analysis 2, mentor Abiturhilfe 646.)

Der Graph von f^{-1} entsteht aus dem Graphen von f durch Spiegelung an der Geraden $y = x$. In der Figur 27 sind die Graphen von f und f^{-1} eingetragen.

Schnitt von G_f mit der Geraden $y = x$:

$$\frac{1}{4}x^2 = x \Rightarrow \frac{1}{4}x^2 - x = 0 \Rightarrow \frac{1}{4} \cdot x \cdot (x-4) = 0$$

$$\Rightarrow \quad x = 0 \text{ oder } x = 4$$

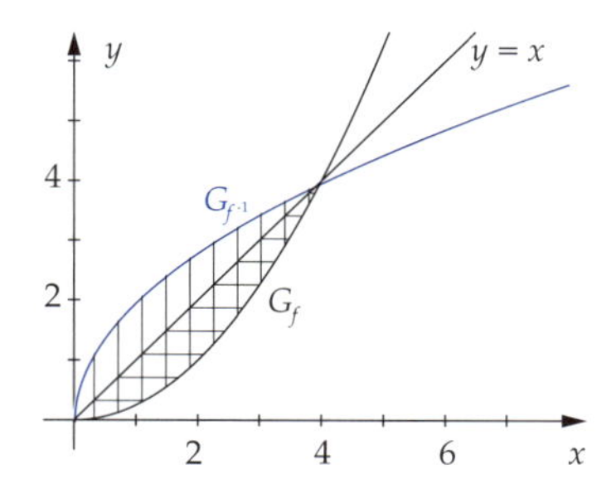

Figur 27

Flächenberechnung:

Eine einfache Lösung der Aufgabe ergibt sich aus der folgenden Überlegung, die dazu noch den Vorteil hat, dass wir den Term $f^{-1}(x)$ der Umkehrfunktion f^{-1} *nicht* aufstellen müssen:

Da spiegelbildlich gelegene Flächen denselben Inhalt haben, ist die gesuchte Flächenmaßzahl A der linsenförmigen Fläche zwischen den Graphen von f und f^{-1} doppelt so groß wie die Maßzahl derjenigen Fläche, die zwischen $x = 0$ und $x = 4$ oben von der Geraden $y = x$ und unten vom Graphen der Funktion f begrenzt ist.

$$A = 2 \cdot \int_0^4 (\text{OK} - \text{UK})\,dx = 2 \cdot \int_0^4 \left(x - \frac{1}{4}x^2\right) dx = 2 \cdot \left[\frac{x^2}{2} - \frac{1}{4} \cdot \frac{x^3}{3}\right]_0^4 =$$

$$= \left[x^2 - \frac{x^3}{6}\right]_0^4 = 16 - \frac{64}{6} - 0 = \frac{48-32}{3} = \frac{16}{3}$$

$$A = \frac{16}{3}$$

Musteraufgabe 3

Gegeben ist die Funktion $f(x) = \frac{1}{5}(x^2 - 9)$ mit $D_f = \mathbb{R}$.

1. Der Graph von f schneidet die positive x-Achse im Punkt $P(3; 0)$. Stellen Sie die Gleichung der Tangente t und der Normale n des Graphen von f im Punkt $P(3; 0)$ auf.
   Die y-Achse wird von der Tangente t im Punkt T und von der Normale n im Punkt N geschnitten. Tragen Sie G_f und die Geraden t und n sowie die Punkte T und N in eine Zeichnung ein.
2. Der Graph von f zerlegt die Fläche des Dreiecks NTP in zwei Teilflächen mit den Maßzahlen A_1 und A_2 $(A_1 > A_2)$.
   Berechnen Sie das Verhältnis $A_1 : A_2$.

Tangente t und Normale n aufstellen:

$$f(x) = \frac{1}{5}(x^2 - 9); \quad f'(x) = \frac{1}{5} \cdot 2x$$

Steigung m_t der Tangente t: $m_t = f'(3) = \frac{6}{5}$

Ansatz für t: $y = \frac{6}{5}x + b$ $\quad | \, P(3; 0)$ einsetzen

$$0 = \frac{6}{5} \cdot 3 + b \quad \Rightarrow \quad b = -\frac{18}{5}$$

t: $y = \frac{6}{5}x - \frac{18}{5}$; Schnitt mit y-Achse in $T\left(0; -\frac{18}{5}\right)$

Für die Steigung m_n der zugehörigen Normale gilt: $m_n = \frac{-1}{m_t} = -\frac{5}{6}$

Ansatz für n: $y = -\frac{5}{6}x + k$ $\quad | \, P(3; 0)$ einsetzen

$$0 = -\frac{5}{6} \cdot 3 + k \quad \Rightarrow \quad k = \frac{5}{2}$$

n: $y = -\frac{5}{6}x + \frac{5}{2}$; Schnitt mit y-Achse in $N\left(0; +\frac{5}{2}\right)$

Figur 28

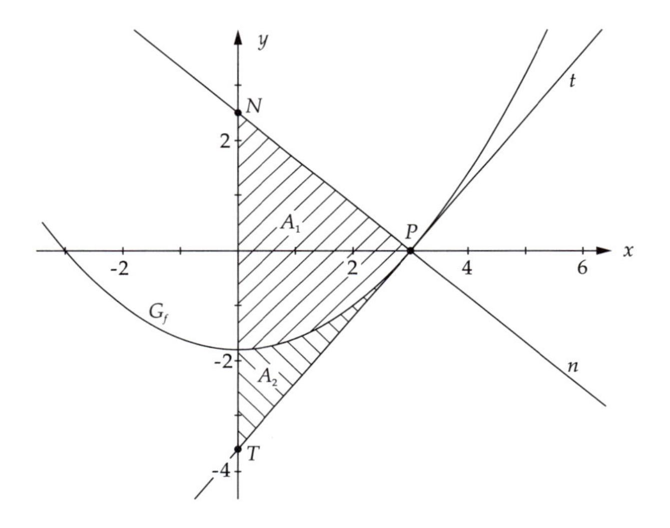

Flächenberechnungen:

Für die Fläche A_1 gilt: $\text{OK} = -\frac{5}{6}x + \frac{5}{2}$ (Normale n)

$\text{UK} = f(x)$

$$A_1 = \int_0^3 (\text{OK} - \text{UK})\,dx = \int_0^3 \left(-\frac{5}{6}x + \frac{5}{2} - \frac{1}{5}(x^2 - 9)\right) dx =$$

$$= \int_0^3 \left(-\frac{1}{5}x^2 - \frac{5}{6}x + \frac{43}{10}\right) dx = \left[-\frac{1}{15}x^3 - \frac{5}{12}x^2 + \frac{43}{10}x\right]_0^3 =$$

$$= -\frac{9}{5} - \frac{15}{4} + \frac{129}{10} - 0 = \frac{147}{20}$$

$$A_1 = \frac{147}{20}$$

Für die Fläche A_2 gilt: $\text{OK} = f(x)$

$$\text{UK} = \frac{6}{5}x - \frac{18}{5} \quad (\text{Tangente } t)$$

$$A_2 = \int_0^3 (\text{OK} - \text{UK})\,dx = \int_0^3 \left(\frac{1}{5}(x^2-9) - \left(\frac{6}{5}x - \frac{18}{5}\right)\right) dx =$$

$$= \int_0^3 \left(\frac{1}{5}x^2 - \frac{6}{5}x + \frac{9}{5}\right) dx = \left[\frac{1}{15}x^3 - \frac{3}{5}x^2 + \frac{9}{5}x\right]_0^3 =$$

$$= \frac{9}{5} - \frac{27}{5} + \frac{27}{5} - 0 = \frac{9}{5}$$

$$A_2 = \frac{9}{5}$$

$$A_1 : A_2 = \frac{147}{20} : \frac{9}{5} = \frac{147 \cdot 5}{20 \cdot 9} = \frac{147}{36} = \frac{49}{12} = 49 : 12$$

Musteraufgabe 4

Gegeben ist die Parabel $f(x) = x^2$ mit $D_f = \mathbb{R}$.

Die Gerade $x = t$ $(t \in \mathbb{R})$ schneidet die Parabel im Punkt $P(t;\, t^2)$. Die Gerade $x = t + a$ $(a > 0)$ schneidet die Parabel im Punkt $Q(t + a;\, (t + a)^2)$.

Zeigen Sie: Die Maßzahl der endlichen Fläche zwischen der Sekante PQ und der Parabel ist nur vom Parameter a, also dem horizontalen Abstand von P und Q, abhängig.

In der Figur 29 sehen Sie, dass für die Berechnung der Maßzahl A im Intervall $[t;\, t + a]$ gilt:

OK = Sekante, UK = $f(x)$

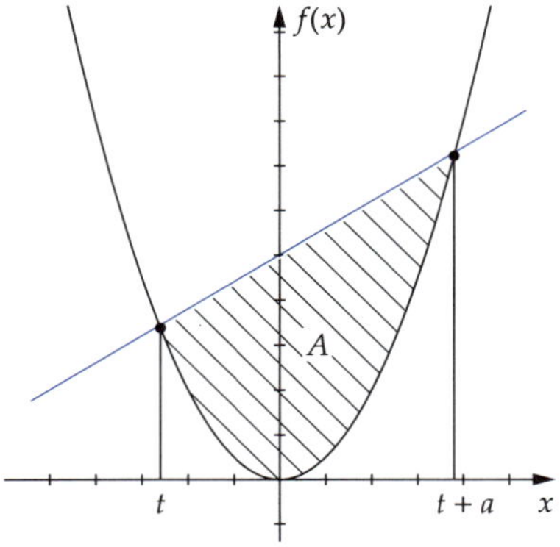

Figur 29

Gleichung der Sekante PQ aufstellen:

Ansatz für die Sekante: $y = m \cdot x + b$

$$\text{Steigung } m = \frac{f(t+a) - f(t)}{t + a - t} =$$

$$= \frac{(t+a)^2 - t^2}{a} = \frac{t^2 + 2at + a^2 - t^2}{a} = 2t + a$$

$\Rightarrow \quad y = (2t + a) \cdot x + b \quad | \; P(t;\, t^2)$ einsetzen

$\quad t^2 = (2t + a) \cdot t + b$

$\Rightarrow \quad b = -t^2 - at$

Gleichung der Sekante: $y = (2t + a) \cdot x - t^2 - at$

Flächenberechnung:

$$A = \int_t^{t+a} (\text{OK} - \text{UK})\,dx = \int_t^{t+a} ((2t+a)x - t^2 - at - x^2)\,dx =$$

$$= \left[(2t+a)\frac{x^2}{2} - t^2x - atx - \frac{x^3}{3}\right]_t^{t+a} =$$

$$= (2t+a)\frac{(t+a)^2}{2} - t^2(t+a) - at(t+a) - \frac{(t+a)^3}{3} -$$

$$-\left((2t+a)\frac{t^2}{2} - t^3 - at^2 - \frac{t^3}{3}\right) =$$

$$= \frac{t+a}{6} \cdot (3(2t+a)(t+a) - 6t^2 - 6at - 2(t+a)^2)$$

$$- \frac{t^2}{6} \cdot (3(2t+a) - 6t - 6a - 2t) =$$

$$= \frac{t+a}{6} \cdot (a^2 - at - 2t^2) - \frac{t^2}{6} \cdot (-3a - 2t) =$$

$$= \frac{a^2t - at^2 - 2t^3 + a^3 - a^2t - 2at^2 + 3at^2 + 2t^3}{6} = \frac{a^3}{6}$$

$$A = \frac{a^3}{6}$$

Aufgabe 26 Der Graph der in $\mathbb{R}$ erklärten Funktion $f(x) = x^2 + 2x - 3$ und die Gerade $x - y + 3 = 0$ begrenzen eine endliche Fläche.

Tragen Sie die Gerade und den Graphen von f in ein Koordinatensystem ein und berechnen Sie den Inhalt der Fläche.

Aufgabe 27 Gegeben sind die in $\mathbb{R}$ erklärten Funktionen $f(x) = x^2 + 1$ und $g(x) = 3x + 1$.

Skizzieren Sie die Graphen dieser Funktionen und berechnen Sie den Inhalt der Fläche, welche von den Graphen G_f und G_g berandet ist.

Aufgabe 28 Gegeben sind die in $\mathbb{R}$ erklärten Funktionen f und g durch:

$$f(x) = x^3 - 3x; \quad g(x) = \frac{1}{2}x^2 - x - \frac{3}{2}$$

28.1 Untersuchen Sie die Graphen der Funktionen f und g auf Symmetrie, Nullstellen, Extrempunkte und skizzieren Sie die Graphen im Intervall $[-2; 4]$.

28.2 Zeigen Sie durch Rechnung, dass sich die Graphen der Funktionen f und g im Punkt $S\left(-\frac{3}{2}; \frac{9}{8}\right)$ *schneiden* und im Punkt $B(1; -2)$ *berühren*.

28.3 Weisen Sie mithilfe von Testwerten nach, dass der Graph von f im Intervall $-\frac{3}{2} < x < 2$ und $x \neq 1$ oberhalb des Graphen von g liegt.

28.4 Berechnen Sie die Maßzahl A der Fläche, die von den Graphen der Funktionen f und g und den Geraden $x = -2$ und $x = 2$ begrenzt wird.

Aufgabe 29

Gegeben sind die in $\mathbb{R}$ erklärten Funktionen f und g durch:

$f(x) = -x^2 + 5; \quad g(x) = \frac{1}{2}x^2 - 3x + \frac{1}{2}$

29.1 Berechnen Sie die gemeinsamen Punkte der beiden Graphen.

29.2 Zeigen Sie rechnerisch, dass zwischen den beiden Schnittpunkten der Graph von f über dem Graphen von g liegt.

29.3 Berechnen Sie die Maßzahl der von den beiden Graphen eingeschlossenen Fläche.

Aufgabe 30

Gegeben sind die in $\mathbb{R}$ erklärten Funktionen f und g durch:
$f(x) = x^3 - 7x^2 + 7x + 15; \quad g(x) = x^2 - 4x - 5$

Die Graphen der Funktionen f und g umschließen *zwei* im Endlichen gelegene Flächenstücke. Berechnen Sie deren Inhalte.

Aufgabe 31

Gegeben sind die in $\mathbb{R}$ erklärten Funktionen g und h durch:

$g(x) = \frac{1}{4}x^2 - x; \quad h(x) = \frac{1}{4}x^3 - 4x$

31.1 Berechnen Sie die Koordinaten der gemeinsamen Punkte der Graphen und skizzieren Sie die Graphen in $-4 < x < 5$.

31.2 Die Graphen der Funktionen g und h umschließen zwei Flächenstücke. Berechnen Sie deren Inhalte.

Aufgabe 32

Gegeben sind die in $\mathbb{R}$ erklärten Funktionen g und h durch:

$g(x) = \frac{5}{4}x^2 + 2x - 3; \quad h(x) = \frac{1}{4}x^3$

32.1 Berechnen Sie die gemeinsamen Punkte der Graphen von g und h und skizzieren Sie deren Verlauf in $-3 \leqq x \leqq 2$.

32.2 Die Graphen der Funktionen g und h beranden im oben angegebenen Bereich ein endliches Flächenstück. Berechnen Sie dessen Inhalt.

Aufgabe 33

Gegeben sind die in $\mathbb{R}$ erklärten Funktionen g und f durch:
$g(x) = 3x^2 - 12; \quad f(x) = -x^4 + 8x^2 - 16$

Berechnen Sie den Inhalt derjenigen endlichen Flächenstücke, welche die Graphen der Funktionen g und f miteinander einschließen.

Aufgabe 34

Gegeben sind die in $\mathbb{R}$ erklärten Funktionen f und g durch:

$f(x) = \frac{1}{8}x^3 - \frac{3}{2}x^2 + 4x; \quad g(x) = -\frac{1}{2}x^2 + 4x$

Die Graphen der Funktionen f und g umschließen ein endliches Flächenstück. Berechnen Sie seinen Inhalt.

Aufgabe 35 Gegeben ist die Funktion $f(x) = \ln(2x + 4)$ in $D_f =]-2; \infty[$, deren Graph in Figur 30 eingezeichnet ist.

Figur 30

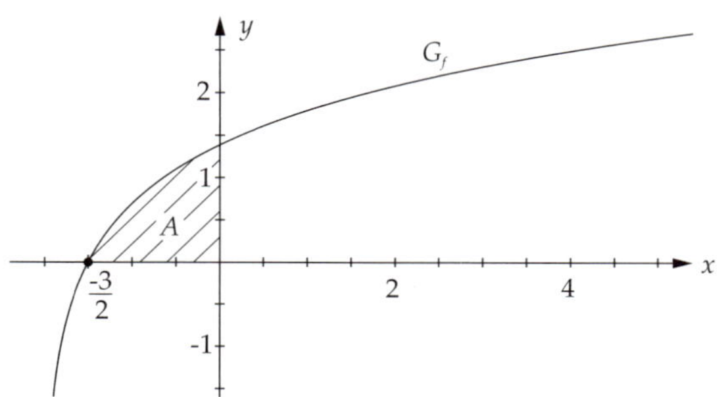

35.1 Zeigen Sie, dass die Funktion $F(x) = (x + 2) \cdot (\ln(2x + 4) - 1)$ eine Stammfunktion der Funktion $f(x)$ ist.

35.2 Berechnen Sie den Inhalt des endlichen Flächenstückes, das der Graph von f im II. Quadranten mit den Koordinatenachsen einschließt.

Aufgabe 36 Gegeben sind die in $\mathbb{R}^+$ erklärten Funktionen f und g durch:

$$f(x) = -\frac{4}{x} - 2; \quad g(x) = \frac{4}{x^2} - \frac{4}{x} - 2$$

Ihre Graphen sind in der Figur 31 eingetragen.

Figur 31

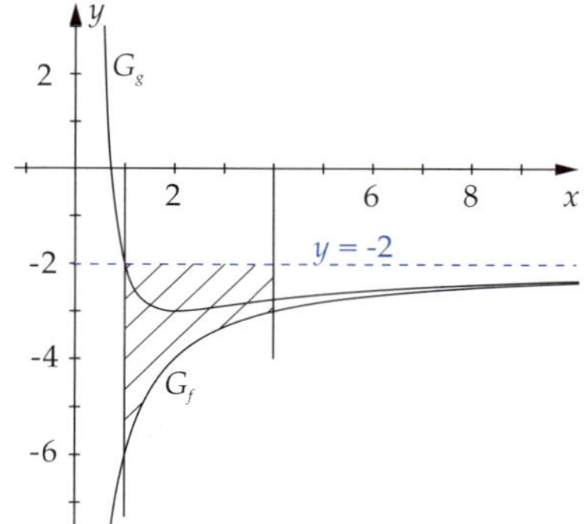

Der Graph der Funktion f und die Geraden mit den Gleichungen $y = -2$, $x = 1$ und $x = 4$ begrenzen ein Flächenstück.
Berechnen Sie, in welchem Verhältnis der Graph der Funktion g den Inhalt des Flächenstückes teilt.

Aufgabe 37

Figur 32

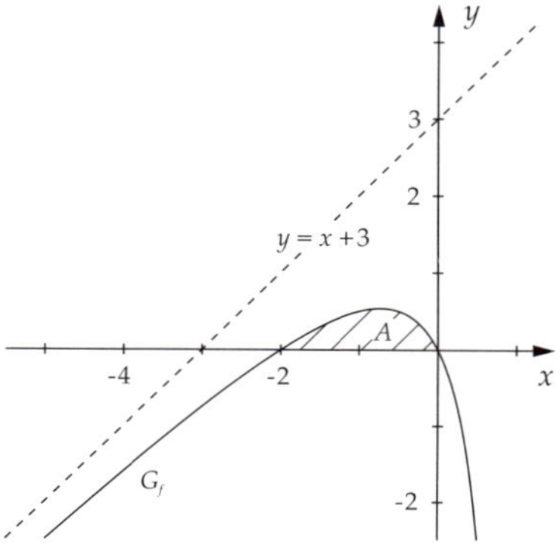

Gegeben ist die Funktion

$$f(x) = x + 3 + \frac{3}{x-1} \text{ in } D_f = \mathbb{R} \setminus \{1\},$$ deren Graph in der Figur 32 zu sehen ist.

Berechnen Sie den Inhalt des endlichen Flächenstückes, welches der Graph von f mit der x-Achse einschließt.

Gegeben ist die in $\mathbb{R}$ erklärte Funktion $f(x) = (3 - x)\,e^{\frac{x}{3}}$, deren Graph in der Figur 33 eingetragen ist.

Aufgabe 38

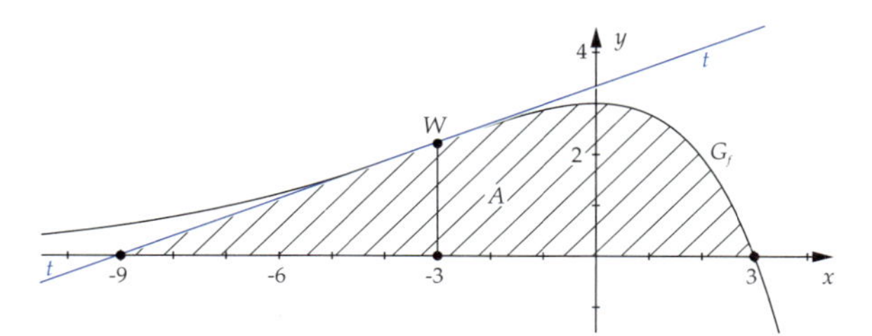

Figur 33

38.1 Der Graph von f hat in $W\left(-3; \frac{6}{e}\right)$ einen Wendepunkt.

Wie lautet die Gleichung der Wendetangente?

38.2 Zeigen Sie, dass $F(x) = (18 - 3x)\,e^{\frac{x}{3}}$ eine Stammfunktion der Funktion $f(x)$ ist.

38.3 Der Graph von f, seine Wendetangente und die x-Achse begrenzen im I. und II. Quadranten des Koordinatensystems eine endliche Fläche. Berechnen sie die Maßzahl dieser Fläche.

Gegeben sind die in $\mathbb{R}\setminus\{1\}$ erklärten Funktionen f und g durch:

Aufgabe 39

$$f(x) = \frac{x^2 + 4x - 8}{x - 1}; \quad g(x) = \frac{x^2 + 4x}{x - 1}$$

Die Graphen dieser Funktionen und ihre gemeinsame schiefe Asymptote $y = x + 5$ sind in der Figur 34 eingetragen.

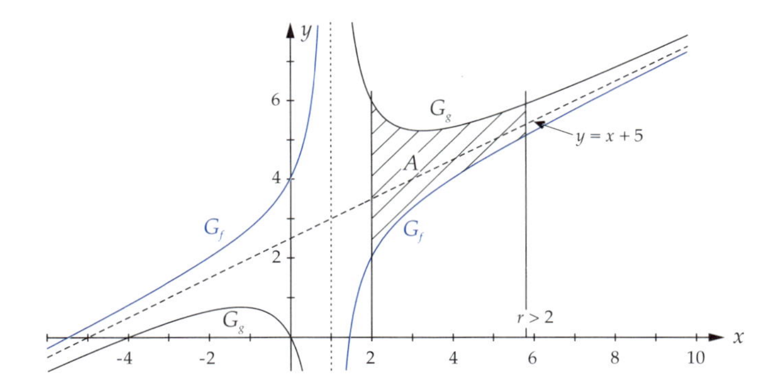

Figur 34

39.1 Die Graphen der Funktionen f und g und die beiden Geraden $x = 2$ und $x = r$ $(r > 2)$ begrenzen ein Flächenstück.
Berechnen Sie die Maßzahl $A(r)$ dieses Flächenstückes.

39.2 Für welche Wahl von $r > 2$ gilt $A(r) = 16$?

Aufgabe 40 Gegeben ist die in $\mathbb{R}$ erklärte Funktion $f(x) = \dfrac{8x - 24}{x^2 - 6x + 10}$, deren Graph in der Figur 35 zu sehen ist.

Figur 35

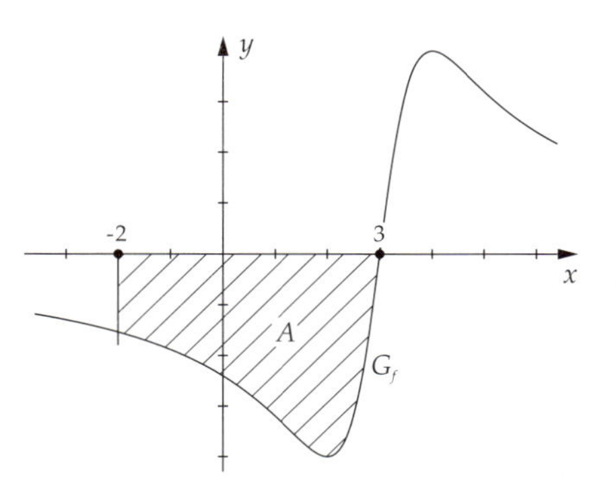

Der Graph der Funktion f, die x-Achse und die Gerade $x = -2$ begrenzen ein endliches Flächenstück im III. und IV. Quadranten. Berechnen Sie die Maßzahl dieser Fläche.

Aufgabe 41 Gegeben ist die Funktion $f(x) = \dfrac{x^2 + 2x + 6}{x - 1} = x + 3 + \dfrac{9}{x - 1}$ in $D_f = \mathbb{R}\backslash\{1\}$.

Der Graph der Funktion f ist in der Figur 36 eingetragen.

Figur 36

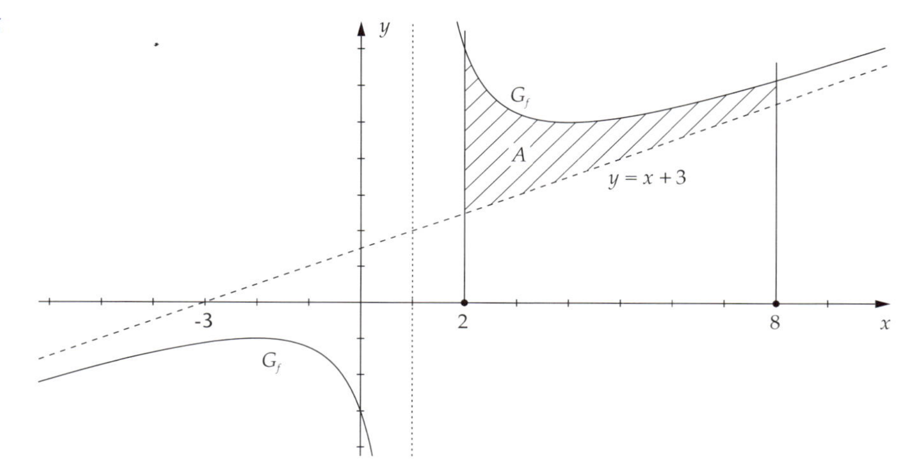

Der Graph von f, seine schiefe Asymptote und die beiden Geraden mit den Gleichungen $x = 2$ und $x = 8$ schließen im I. Quadranten eine Fläche ein. Berechnen Sie den Inhalt dieser Fläche.

Aufgabe 42 Gegeben ist die in $\mathbb{R}$ erklärte Funktion $f(x) = \sqrt{x^2 + 1}$, deren Graph in der Figur 37 eingezeichnet ist.

Figur 37

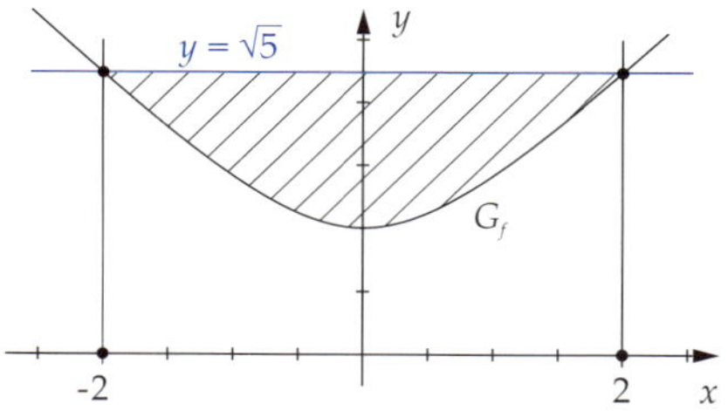

42.1 Zeigen Sie, dass der Graph von f achsensymmetrisch zur y-Achse liegt.

42.2 Zeigen Sie, dass $F(x) = \dfrac{1}{2} \cdot \left(x \cdot \sqrt{x^2 + 1} + \ln\left(x + \sqrt{x^2 + 1}\right)\right)$ eine Stammfunktion der Funktion f ist.

42.3 Der Graph der Funktion f und die Gerade $y = \sqrt{5}$ begrenzen im I. und II. Quadranten eine endliche Fläche. Berechnen Sie die Maßzahl dieser Fläche.

Gegeben ist die in $D_f = \mathbb{R}\setminus\{-1\}$ erklärte Funktion f durch:

Aufgabe 43

$$f(x) = \frac{-x^2 + 3x}{x+1} = -x + 4 - \frac{4}{x+1}$$

Ihr Graph und ihre schiefe Asymptote sind in der Figur 38 eingetragen.

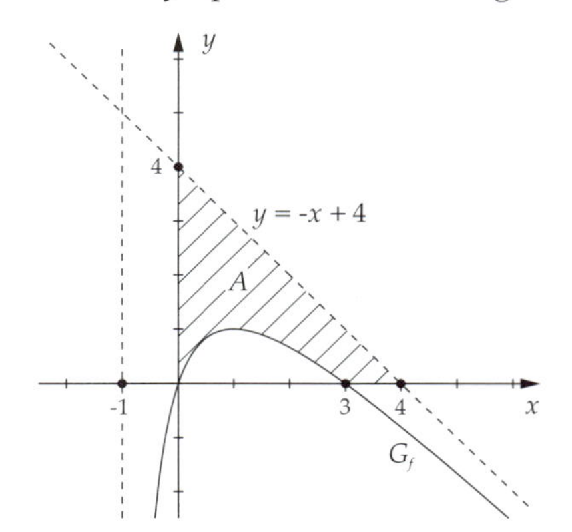

Figur 38

Der Graph von f, seine schiefe Asymptote und die Koordinatenachsen umschließen im I. Quadranten ein Flächenstück.
Berechnen Sie den Inhalt dieser Fläche.

8. Uneigentliche Integrale

Die Berechnung der positiven Maßzahl A eines Flächeninhaltes mithilfe eines bestimmten Integrals setzt voraus, dass die Berandungskurven durch *stetige* Funktionen gegeben sind.
Außerdem muss das Integrationsintervall *abgeschlossen* sein.

Figur 39

In der Figur 39 sehen Sie den Graphen einer Funktion f, die in einem halboffenen Intervall $[a; b[= \{x \mid a \leqq x < b\}$ erklärt und stetig ist. Für alle $x \in [a; b[$ gilt $f(x) > 0$.

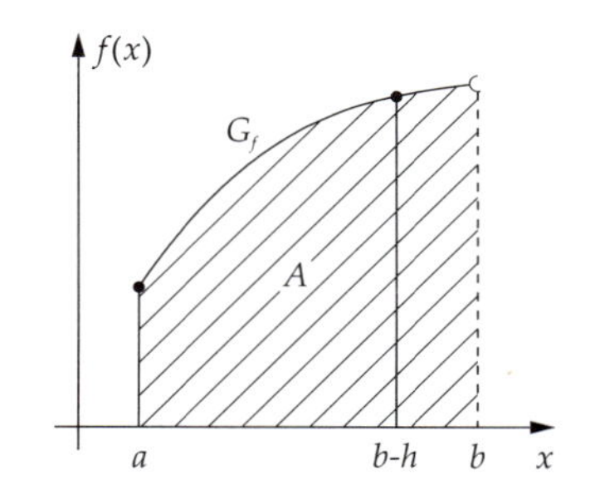

Die Maßzahl A der schraffierten Fläche darf nicht ohne zusätzliche Forderungen über das bestimmte Integral $\int_a^b f(x)\,\mathrm{d}x$ berechnet werden, da die Stelle $x = b$ nicht zum Intervall gehört.

Existiert in der Figur 39 der Grenzwert der Funktionswerte $f(x)$, wenn wir uns aus dem Inneren des Intervalls der Stelle $x = b$ nähern, dann *setzen* wir diesen Grenzwert durch eine Zusatzdefinition als Funktionswert $f(b)$ *fest*. Damit ist die Funktion f auch im rechten Endpunkt des Intervalles einseitig stetig und das bestimmte Integral von a bis b über die Funktion f existiert.

Gegeben ist die Funktion $f(x) = \frac{1}{2}x^2$ in $D_f = [1; 3[$, deren Graph in Figur 40 eingetragen ist.

Figur 40

Wir untersuchen, ob der linksseitige Grenzwert der Funktionswerte $f(x)$ an der Stelle $x = 3$ existiert:

$$\lim_{h \to 0} f(3-h) = \lim_{h \to 0} \frac{1}{2}(3-h)^2 = \lim_{h \to 0} \frac{1}{2}(9 - 6h + h^2) = \frac{9}{2}$$

Die neue Funktion f^* mit $f^*(x) = \frac{1}{2}x^2$ mit $D_{f^*} = [1; 3]$ ist jetzt in einem abgeschlossenen Intervall erklärt und stetig und wir können die Maßzahl A der Fläche durch ein bestimmtes Integral berechnen:

$$A = \int_1^3 f^*(x)\,\mathrm{d}x = \int_1^3 \frac{1}{2}x^2\mathrm{d}x = \left[\frac{1}{2} \cdot \frac{x^3}{3}\right]_1^3 = \left[\frac{x^3}{6}\right]_1^3 = \frac{3^3}{6} - \frac{1^3}{6} = \frac{27}{6} - \frac{1}{6} = \frac{26}{6}$$

$$A = \frac{13}{3}$$

Bemerkung:

Die Berechnung des Grenzwertes der Funktionswerte in einem Randpunkt eines halboffenen oder beidseitig offenen Intervalls erübrigt sich, wenn der folgende Fall vorliegt:

Mit dem Funktionsterm $f(x)$ könnte eine in ganz $\mathbb{R}$ stetige Funktion erklärt werden; für die gestellte Aufgabe ist aber die Definitionsmenge D_f willkürlich auf ein halboffenes oder beidseitig offenes Intervall eingeschränkt worden. Man nennt dann f eine **Einschränkung** einer in $\mathbb{R}$ stetigen Funktion auf das Intervall D_f.

Im obigen Beispiel ist also $f(x) = \frac{1}{2}x^2$ mit $D_f = [1; 3[$ eine Einschränkung der in ganz $\mathbb{R}$ stetigen Funktion $g(x) = \frac{1}{2}x^2$ auf das Intervall $[1; 3[$. Der Mathematiker sagt daher, dass die Funktion f im Randpunkt $x = 3$ des Intervalles $[1; 3[$ **stetig fortgesetzt** werden kann.

Unbeschränkte Integranden

8.1

In der Figur 41 sehen Sie den Verlauf des Graphen einer Funktion f, die auf dem halboffenen Integrall $[a, b[$ erklärt ist und deren Funktionswerte bei Annäherung an die Randstelle $x = b$ beliebig große Werte annehmen. Der Integrand $f(x)$ ist also auf dem Intervall $[a; b[$ **unbeschränkt**.

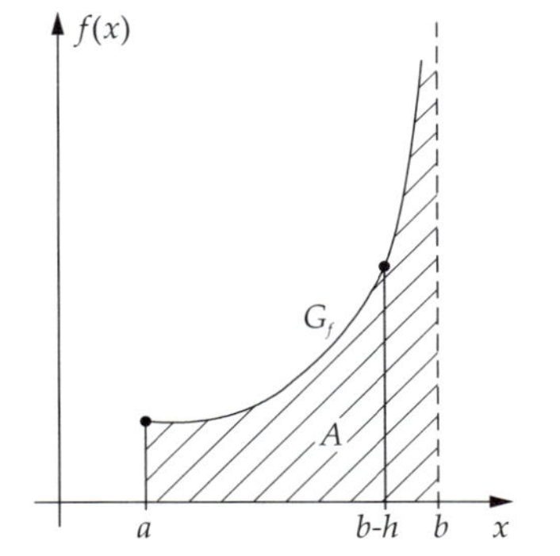

Figur 41

Die Frage, ob der sich ins Unendliche erstreckenden Fläche eine (endliche) Maßzahl A zugeordnet kann, können wir nur durch eine Grenzwertrechnung entscheiden.

Wir gehen dazu von der rechten Randstelle $x = b$ mit der positiven Zahl $h > 0$ etwas nach links an die Stelle $x = b - h$ und betrachten die Funktion f im *abgeschlossenen* Intervall $[a; b - h]$.

Damit sind aber alle Voraussetzungen für die Existenz des bestimmten Integrals $\int_a^{b-h} f(x)\,dx$ erfüllt.

Existiert nun für $h \to 0$ der Grenzwert dieses Integrals, dann erweitern wir den Integralbegriff, indem wir diesen Grenzwert als Maßzahl A der ins Unendliche reichenden Fläche festsetzen:

$$A = \int_a^b f(x)\,dx = \lim_{h \to 0} \int_a^{b-h} f(x)\,dx$$

Das Integral $\int\limits_a^b f(x)\,dx$ wird nur dann als **uneigentliches** Integral bezeichnet, wenn $\lim\limits_{h \to 0} \int\limits_a^{b-h} f(x)\,dx$ existiert.

Beispiel 1 Gegeben ist die Funktion $f(x) = \frac{1}{x^2}$ mit $D_f = [-2; 0[$.

Untersuchen Sie, ob der in Figur 42 schraffierten Fläche eine Maßzahl A zugeordnet werden kann.

Figur 42

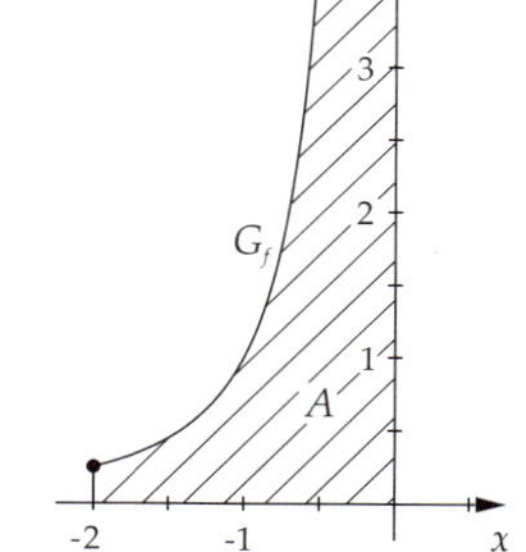

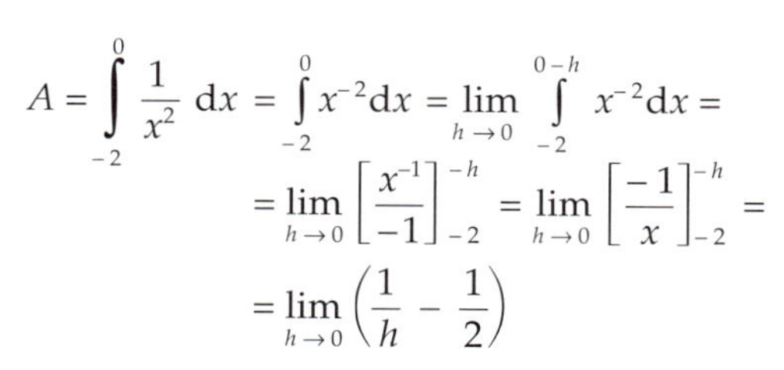

$$A = \int\limits_{-2}^{0} \frac{1}{x^2}\,dx = \int\limits_{-2}^{0} x^{-2}dx = \lim_{h \to 0} \int\limits_{-2}^{0-h} x^{-2}dx =$$

$$= \lim_{h \to 0} \left[\frac{x^{-1}}{-1}\right]_{-2}^{-h} = \lim_{h \to 0} \left[\frac{-1}{x}\right]_{-2}^{-h} =$$

$$= \lim_{h \to 0} \left(\frac{1}{h} - \frac{1}{2}\right)$$

Da für $h \to 0$ aber $\frac{1}{h} \to \infty$ gilt, existiert der Grenzwert *nicht* und der schraffierten Fläche in der Figur 42 kann keine Maßzahl A zugeordnet werden.

Beispiel 2 Gegeben ist die in $\mathbb{R}^+$ erklärte Funktion $f(x) = \frac{1}{\sqrt{x}} = x^{-\frac{1}{2}}$

Untersuchen Sie, ob der in Figur 43 schraffierten Fläche eine Maßzahl A zugeordnet werden kann.

Figur 43

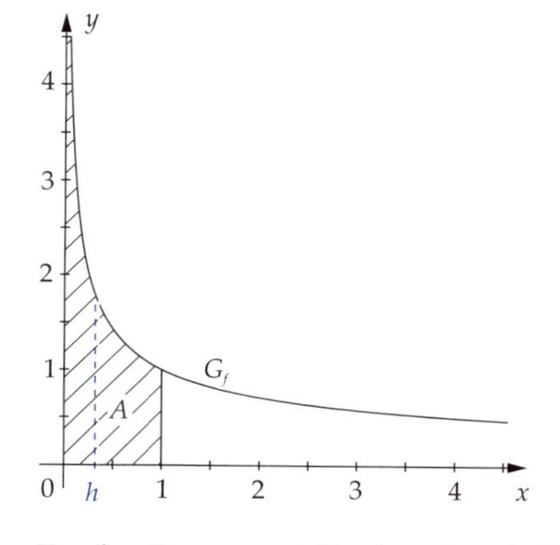

$$\int\limits_0^1 x^{-\frac{1}{2}}dx = \lim_{h \to 0} \int\limits_h^1 x^{-\frac{1}{2}}dx = \lim_{h \to 0} \left[\frac{x^{\frac{1}{2}}}{\frac{1}{2}}\right]_h^1 =$$

$$= \lim_{h \to 0} \left[2 \cdot \sqrt{x}\,\right]_h^1 =$$

$$= \lim_{h \to 0} \left(2 \cdot \sqrt{1} - 2 \cdot \sqrt{h}\right) = 2$$

Da der Grenzwert für $h \to 0$ existiert, ist die in Figur 43 schraffierte Fläche messbar und hat die Maßzahl $A = 2$.

Unbeschränkte Integrationsintervalle

8.2

In der Figur 44 sehen Sie den Graphen einer Funktion f, deren Graph sich für $x \to \infty$ immer mehr der x-Achse annähert.
Die Frage, ob die sich jetzt waagrecht ins Unendliche erstreckende Fläche messbar ist, wird durch Grenzwertrechnung entschieden.

Figur 44

Wir bilden dazu zunächst auf dem abgeschlossenen Intervall $[a; r]$ mit $r > a$ das bestimmte Integral $\int_a^r f(x)\,\mathrm{d}x$ und untersuchen dann, ob für $r \to \infty$ ein Grenzwert existiert.
Falls der Grenzwert existiert, setzen wir ihn als Maßzahl A der sich ins Unendliche erstreckenden Fläche fest.

> Das Integral $\int_a^\infty f(x)\,\mathrm{d}x$ wird nur dann als **uneigentliches** Integral bezeichnet, wenn der Grenzwert $\lim\limits_{r \to \infty} \int_a^r f(x)\,\mathrm{d}x$ existiert.

Beispiel 1

Gegeben ist die in $\mathbb{R}\setminus\{0\}$ erklärte Funktion $f(x) = \frac{1}{x^2} = x^{-2}$.

Untersuchen Sie, ob der in Figur 45 schraffierten Fläche für $r \to \infty$ eine Maßzahl A zugeordnet werden kann.

Wir bilden das bestimmte Integral $\int_1^r f(x)\,\mathrm{d}x$ mit $r > 1$ und untersuchen, ob für $r \to \infty$ ein Grenzwert existiert.

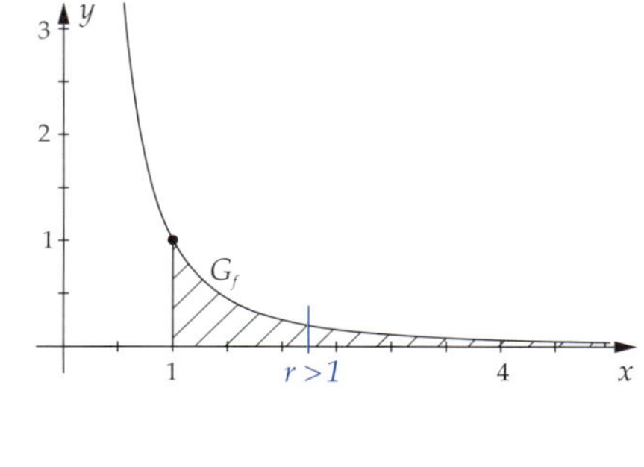

Figur 45

$$\int_1^\infty x^{-2}\mathrm{d}x = \lim_{r \to \infty} \int_1^r x^{-2}\mathrm{d}x = \lim_{r \to \infty} \left[\frac{x^{-1}}{-1}\right]_1^r =$$

$$= \lim_{r \to \infty} \left[-\frac{1}{x}\right]_1^r =$$

$$= \lim_{r \to \infty} \left(-\frac{1}{r} - \left(-\frac{1}{1}\right)\right) = \lim_{r \to \infty} \left(-\frac{1}{r} + 1\right) = 1$$

Ergebnis:

Die sich in Figur 45 ins Unendliche erstreckende Fläche ist messbar und für die Maßzahl A gilt: $A = \int_1^{\infty} x^{-2} \mathrm{d}x = 1$

Beispiel 2 In der Figur 46 ist zu untersuchen, ob die sich ins Unendliche erstreckende Fläche zwischen den Graphen der beiden Funktionen $f(x)$ und $g(x)$ messbar ist.

Für $x \to \infty$ ist die Funktion f streng monoton fallend und hat die waagrechte Asymptote $y = k$. Die Funktion g ist für $x \to \infty$ streng monoton steigend und hat ebenfalls die waagrechte Asymptote $y = k$.

Figur 46

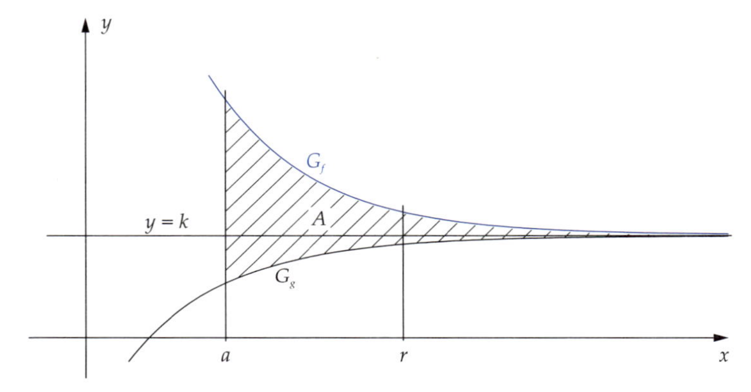

$$A = \int_a^{\infty} (f(x) - g(x))\, \mathrm{d}x = \lim_{r \to \infty} \int_a^{r} (f(x) - g(x))\, \mathrm{d}x$$

Falls der Grenzwert des letzten Integrals für $r \to \infty$ existiert, ist die sich ins Unendliche erstreckende Fläche messbar.

Aufgabe 44 Gegeben ist die in $\mathbb{R}$ erklärte Funktion $f(x) = \mathrm{e}^{-x}$, deren Graph in Figur 47 zu sehen ist.

Figur 47

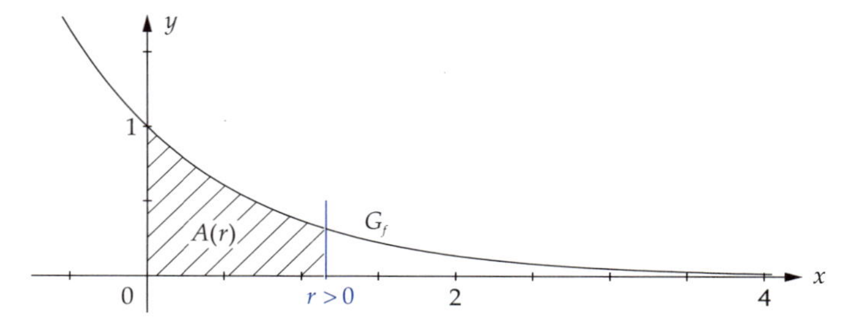

44.1 Der Graph der Funktion f, die beiden Koordinatenachsen und die Gerade mit der Gleichung $x = r$ $(r > 0)$ schließen ein Flächenstück ein. Berechnen Sie den Flächeninhalt $A(r)$ dieses Flächenstücks in Abhängigkeit von r.

44.2 Untersuchen Sie, ob $\lim\limits_{r \to \infty} A(r)$ existiert.

44.3 Für welche Wahl von $r = r_0$ gilt $A(r_0) = \dfrac{1}{2}$?

Aufgabe 45

Gegeben ist die in $\mathbb{R}$ erklärte Funktion $f(x) = 4x \cdot e^{-\frac{x}{2}}$, deren Graph in Figur 48 gezeichnet ist.

Figur 48

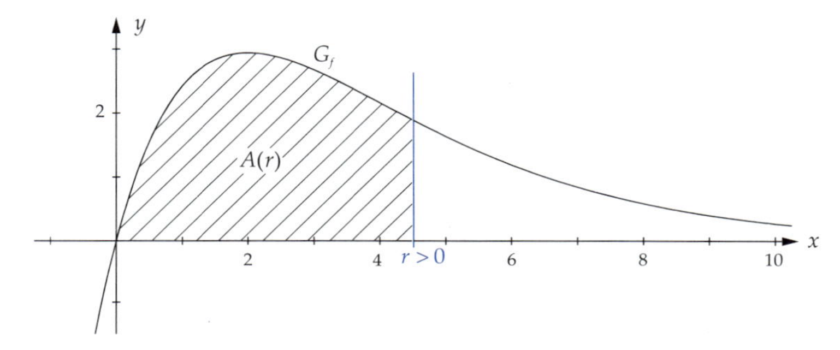

45.1 Zeigen Sie, dass die in $\mathbb{R}$ definierte Funktion F mit
$F(x) = -16 \cdot e^{-\frac{x}{2}} \cdot \left(\dfrac{x}{2} + 1\right)$ eine Stammfunktion von $f(x)$ ist.

45.2 Der Graph der Funktion f, die x-Achse und die Gerade mit der Gleichung $x = r$ $(r > 0)$ schließen ein endliches Flächenstück ein, dessen Inhalt die Maßzahl $A(r)$ hat.
Berechnen Sie die Flächenmaßzahl $A(r)$.

45.3 Untersuchen Sie mithilfe einer der Regeln von DE L'HOSPITAL das Verhalten von $A(r)$ für $r \to \infty$.

Aufgabe 46

Gegeben ist die in $\mathbb{R}$ erklärte Funktion $f(x) = (x - 4)\,e^{\frac{x}{4}}$, deren Graph in der Figur 49 eingetragen ist.

Figur 49

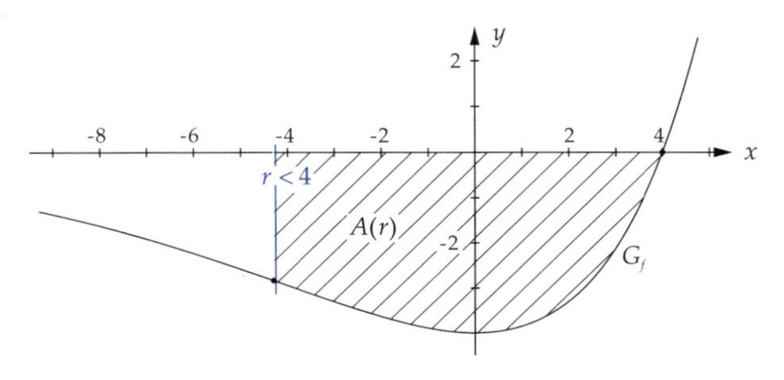

46.1 Zeigen Sie, dass die Funktion $F(x) = 4(x - 8) \cdot e^{\frac{x}{4}}$ mit $D_F = \mathbb{R}$ eine Stammfunktion von $f(x)$ ist.

46.2 Der Graph von f, die x-Achse und die Gerade $x = r$ $(r < 4)$ begrenzen ein endliches Flächenstück, dessen Inhalt die Maßzahl $A(r)$ besitzt. Berechnen Sie $A(r)$.

46.3 Zeigen Sie, dass $A(r)$ für $r \to -\infty$ einen Grenzwert hat.

Aufgabe 47 Gegeben sind die beiden Funktionen f und g durch:

Figur 50

$$f(x) = \ln \frac{3(4-x)}{x+4}; \quad g(x) = \ln \frac{4-x}{x+4}$$

mit $D_f = D_g =]-4; 4[$, deren Graphen in der Figur 50 zu sehen sind.

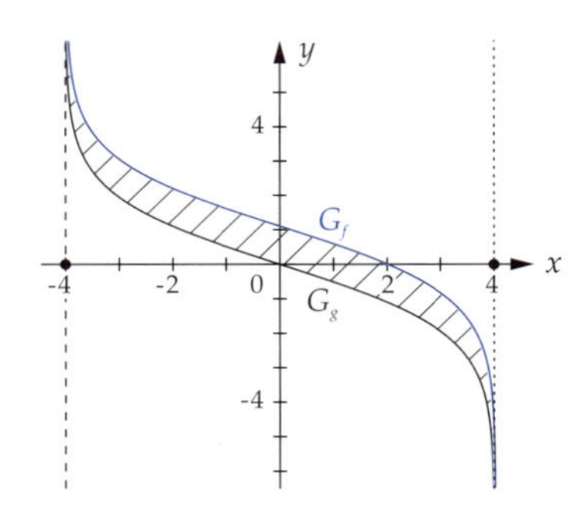

Zwischen den Graphen der Funktionen f und g liegt eine Fläche, die für $x \downarrow -4$ und für $x \uparrow 4$ jeweils ins Unendliche reicht. Untersuchen Sie, ob diese Fläche messbar ist.

Aufgabe 48 Gegeben ist die Funktion $f(x) = \dfrac{2x^3 + 2}{x^2} = 2x + 2x^{-2}$ mit $D_f = \mathbb{R} \setminus \{0\}$, deren Graph in der Figur 51 eingetragen ist.

Figur 51

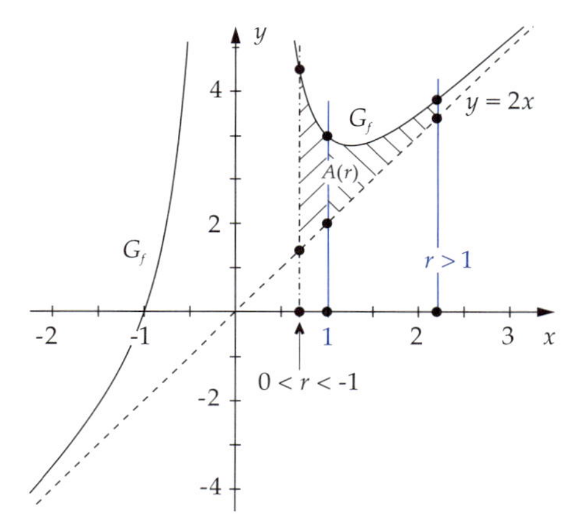

48.1 Der Graph von f, seine schiefe Asymptote und die Geraden $x = 1$ und $x = r$ $(r > 0)$ begrenzen eine endliche Fläche. Berechnen Sie die Maßzahl $A(r)$ dieser Fläche.

48.2 Für welche Wahl von $r = r_0$ gilt $A(r_0) = \dfrac{3}{2}$?

48.3 Untersuchen Sie, ob für $r \to 0$ bzw. für $r \to \infty$ ein Grenzwert von $A(r)$ existiert.

Aufgabe 49

Gegeben ist die in $\mathbb{R}$ erklärte Funktion $f(x) = (2 - x)\,e^x$, deren Graph Figur 52 zeigt.

Figur 52

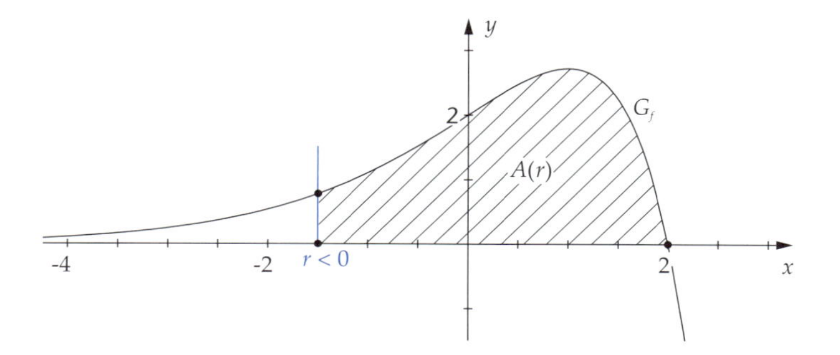

49.1 Zeigen Sie, dass $F(x) = (3 - x)\,e^x$ mit $D_F = \mathbb{R}$ eine Stammfunktion von $f(x)$ ist.

49.2 Der Graph der Funktion f, die x-Achse und die Gerade mit der Gleichung $x = r$ $(r < 0)$ begrenzen im I. und II. Quadranten eine Fläche mit der Flächenmaßzahl $A(r)$.
Berechnen Sie $A(r)$ in Abhängigkeit von r.

49.3 Untersuchen Sie, ob die nach links unbegrenzte Fläche zwischen dem Graphen von f und der x-Achse einen endlichen Inhalt hat.

9. Wichtige Begriffe der Integralrechnung auf einen Blick

Stammfunktion

Jede Funktion $F(x)$ heißt eine Stammfunktion von $f(x)$, wenn $F'(x) = f(x)$ gilt.

Zwei beliebige Stammfunktionen $F_1(x)$ und $F_2(x)$ der Funktion $f(x)$ unterscheiden sich auf einem Intervall (= zusammenhängende Punktmenge ohne Lücken) nur durch eine Konstante: $F_1(x) - F_2(x) = C$

unbestimmtes Integral

Die Menge aller Stammfunktionen von $f(x)$ heißt das unbestimmte Integral $\int f(x)\,\mathrm{d}x$ der Funktion $f(x)$.

$\int f(x)\,\mathrm{d}x = F(x) + C$ mit $F'(x) = f(x)$

bestimmtes Integral

In Anlehnung an die Grenzwertdarstellung nennt man $\int_a^b f(x)\,\mathrm{d}x$ das bestimmte Integral über die stetige Funktion $f(x)$ zwischen den Integrationsgrenzen a und b.
Der Wert eines bestimmten Integrals ist eine reelle Zahl. Die untere Grenze a kann auch größer als die obere Grenze b sein.

Integrand; Integrandenfunktion

Die Funktion $f(x)$, die zwischen den Symbolen $\int$ und $\mathrm{d}x$ steht, heißt Integrand oder Integrandenfunktion. Der Integrand muss eine stetige Funktion sein.

Integralfunktion

Jede Funktion $F(x)$, die durch $\int_a^x f(t)\,\mathrm{d}t$ auf einem Intervall I erklärt ist, heißt eine Integralfunktion der Funktion $f(x)$. Der Integrand $f(x)$ muss auf dem Intervall I stetig sein.

Nach dem Hauptsatz der Differenzial- und Integralrechnung gilt für die Ableitung einer Integralfunktion: $F'(x) = f(x)$

Nach Ausführung der Integration und Einsetzen der Grenzen erhält man für die Integralfunktion $F(x)$ eine Darstellung ohne Integralzeichen.

Ich hab ein Gedächtnis wie ein Sieb ...

... auch schon mal gesagt?

Oft wird scherzhaft behauptet, es gebe nur zwei Arten von Gedächtnissen: ein gutes und ein schlechtes – und leider scheinen wir meist Letzteres zu haben.

Der Frust ist dann besonders ausgeprägt, wenn vor einer Arbeit intensiv und lange „gepaukt" wurde und trotzdem die erhoffte Leistung ausbleibt. Oft scheitert man dabei aber nicht am zu schwierigen Lerninhalt, sondern an einem falschen Lernverhalten, welches ein **effektives Einspeichern** und/oder **Erinnern der Inhalte** verhindert. Das zugrunde liegende Phänomen nennt man **Gedächtnishemmungen**, und darum geht es hier zunächst.

Führen Sie probehalber einmal folgendes Experiment durch:

Nennen Sie einer Freundin/einem Freund sechs unterschiedliche zweistellige Zahlen (z. B. 25, 19, 67, 91, 38 und 84) und bitten Sie sie/ihn, diese Zahlen nach einer Pause von ca. 15 Sekunden auf einen Zettel zu schreiben. Wenn sie/er zugehört hat, sollte dies problemlos gelingen.

Führen Sie zu einem späteren Zeitpunkt den Versuch mit sechs anderen Zahlen nochmals durch. Während der Pause rufen Sie ganz plötzlich: „Mist, jetzt hab ich ja tatsächlich vergessen, den ... anzurufen, weißt du zufällig die Telefonnummer?" Soll man sich anschließend an die sechs Zahlen erinnern, gelingt dies meist nicht vollständig.

Wie kann man dieses Phänomen erklären?

Das Gehirn braucht zum Beginn einer Lern„sitzung" eine gewisse Anlaufzeit, es muss sozusagen warm laufen.
Nach dieser Anwärmphase kann für 2 1/2 Stunden relativ viel Lernstoff aufgenommen werden. Die Lernkapazität fällt allerdings schon nach ca. 1 1/2 Stunden wieder ab. Nach ca. 3 1/2 Stunden Lernzeit wird kein neuer Lernstoff mehr aufgenommen. Danach kann sogar durch Überlagerungen gerade gelernter Stoff wieder ver-

drängt werden. Lerninhalte benötigen eine Fixationszeit, d. h. einen Zeitraum, in dem sie sich im Gedächtnis etablieren können.

Beim Einspeichern können also schon dadurch Gedächtnishemmungen entstehen, dass wir uns beim Lernen nicht genügend Zeit gelassen haben oder versucht haben, zu viel auf einmal einzuspeichern.

Die folgende Kurve macht diesen Sachverhalt optisch deutlich – der grau markierte Bereich sollte vermieden werden:

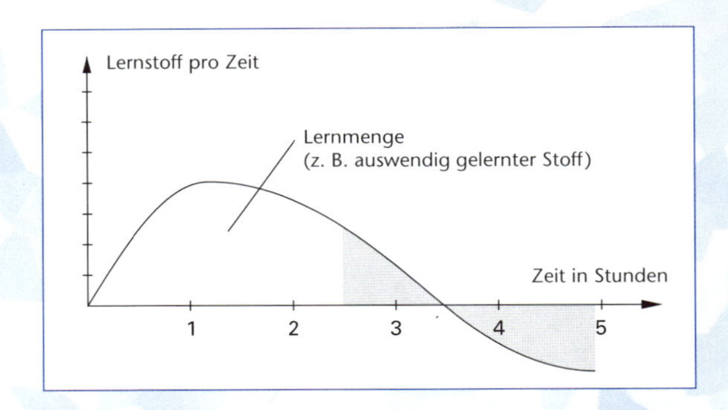

Sehen wir uns nun einige Gedächtnishemmungen etwas genauer an:

Ähnlichkeitshemmung

Werden ähnliche Stoffgebiete direkt hintereinander gelernt (z. B. französische und englische Vokabeln), kommt es häufig vor, dass Lernstoffe „durcheinander geraten". Beim anschließenden Erinnern kommt es zu Verwechslungen. Ein Beispiel soll das verdeutlichen.

Folgender Versuch mit zwei Lerngruppen 1 und 2 wurde durchgeführt:

Gruppe 1 lernt Lernstoff A, dann Lernstoff B;
Gruppe 2 lernt Lernstoff A, dann Lernstoff C.

Die Lernstoffe A und B sind ähnlich (z. B. Englisch und Französisch),
Lernstoff C davon deutlich unterschieden (z. B. Mathematik).

Bei einem Test auf den Lernstoff A ist die Leistung von Gruppe 2 eindeutig besser.

Als Lerntipp folgt daraus, dass Sie schon bei den Hausaufgaben oder dem häuslichen Lernen Ihren Lernstoff in Portionen einteilen und möglichst unterschiedliche Lernstoffe nacheinander lernen (nach Englisch also Mathe lernen und nicht Französisch). Je ähnlicher die Lernstoffe sind, umso stärker ist ihre gegenseitige Hemmung.

Gleichzeitigkeitshemmung

Diese Form der Hemmung tritt besonders dann auf, wenn gleichzeitig zwei unterschiedliche Dinge getan werden. Man versucht, englische Vokabeln zu lernen und hört gleichzeitig Radio. Viele Vokabeln werden überhaupt nicht eingespeichert, bei anderen kann man sich am nächsten Tag zwar an den – im Moment des Lernens – laufenden Musiktitel, aber nicht mehr an die richtige Vokabel erinnern.

Als Lerntipp folgt daraus, dass Sie versuchen sollten, alle störenden Reize auszuschalten, ganz nach dem Motto: Wenn ich lerne, lerne ich.

Und außerdem: Schaffen Sie sich eine schöne Lernatmosphäre! Wo Sie sich wohl fühlen, können Sie auch besser lernen.

Prüfungssituation

Viele Informationen, die wir uns über mühevolles Lernen angeeignet haben, stehen uns oft in einer Prüfung oder Klassenarbeit nicht zur Verfügung. Allerdings haben wir sie meist nicht im tatsächlichen Wortsinn vergessen, vielmehr fehlt uns der Zugang, der Schlüssel. Das Problem liegt also beim **Erinnern zur rechten Zeit** Beim Erinnern spielt uns aber die Prüfungssituation selbst den entscheidenden Streich: Aus Angst entstehen Denkblockaden, selbst die einfachsten Aufgaben können nicht mehr gelöst werden.

Schon kleine Verhaltensänderungen können die Prüfungssituation erleichtern:

- ***Versuchen Sie nicht direkt vor der Prüfung neuen Lernstoff aufzunehmen. Ihr Gedächtnis ist dadurch auf Einspeichern eingestellt und der neue Lernstoff hemmt das nachfolgende Erinnern.***
- ***Denken Sie positiv! Sie haben sich, so gut es ging, auf die Arbeit vorbereitet, also werden Sie es auch schaffen.***
- ***Beginnen Sie zunächst mit den für Sie direkt lösbaren Aufgaben, das schafft Sicherheit. Danach fällt Ihnen oft auch die Lösung schwieriger Aufgaben leichter.***
- ***Teilen Sie sich Ihre Zeit ein und beschränken Sie sich auf das Wesentliche.***
- ***Versuchen Sie die Fragestellung genau zu beachten. Ist Ihnen etwas unklar, fragen Sie nach, damit Sie nicht in die falsche Richtung arbeiten.***

Wie funktioniert unser Gehirn eigentlich?

Die beiden Hemisphären

Unser Gehirn besteht aus zwei Hälften (Hemisphären), die unsere Körperfunktionen kontrollieren.

Die linke Hemisphäre ist für die rechte Körperseite, das rechte Auge und das rechte Ohr verantwortlich, die rechte Hemisphäre für die linke Körperseite, das linke Auge und das linke Ohr.

Das Corpus callosum (Bündel von Nervenfasern) verbindet die beiden Gehirnhälften wie ein Steg miteinander. Jede der beiden Hälften hat ganz besondere Aufgaben.

Rechte Gehirnhälfte

Diese Gehirnhälfte ist zuständig für das Gesamtbild. Sie verbindet dabei Begriffe und Gedanken. Sie wird von Emotionen dominiert, ist für instinktives, impulsives Handeln verantwortlich und sorgt für gute Koordination und damit Raumorientierung.

Linke Gehirnhälfte

Diese Gehirnhälfte ist zuständig für die Verarbeitung und Speicherung von einzelnen Informationen: Hier sind das analytische, logische Denken, die Rationalität und die mathematische Genauigkeit angesiedelt.

Erfolgreiches Lernen funktioniert nur dann, wenn **beide Gehirnhälften zusammenarbeiten**. Ist eine Gehirnhälfte abgeschaltet, arbeiten wir nur mit halbem Potenzial – **Lernen wird zur Qual**.

Nun wollen wir Ihnen noch einige Übungen – so genannte Lerngymnastik – vorstellen, durch die ein Zusammenschalten der Gehirnhälften erreicht werden kann. Sie sollten ihre Wirkung einfach einmal ausprobieren – sie werden Ihnen das Erinnern in Prüfungssituationen und das Einspeichern beim Lernen selbst erleichtern!

Lerngymnastik

Liegende Achten

Dauer der Übung: 3-mal jede Hand, 3-mal beide Hände.

Ausführung der Übung:

Beschreiben Sie große liegende Achten nach links schwingend mit der linken Hand (3-mal). Dann in gleicher Weise mit der rechten Hand und nochmals mit beiden Händen zusammen jeweils 3-mal. Der Kreuzungspunkt der Acht liegt zwischen den Augen. Schwingen Sie die Achten möglichst weit über das gesamte Gesichtsfeld aus und nutzen Sie die Reichweite Ihrer Arme dabei voll aus. Der Kopf sollte bei dieser Übung möglichst ruhig bleiben, die Augen verfolgen die Acht.

Die Achten können auch auf einen großen Bogen Papier gezeichnet werden. Gleichzeitiges Summen fördert die Entspannung.

Ziel der Übung:

- Anschalten der Gehirnhälften;
- verbessert die Hand-Augen-Koordination;
- ermöglicht stressfreieres Schreiben;
- erleichtert die Unterscheidungs- und Merkfähigkeit von Symbolen;
- geschriebene Sprache wird leichter entschlüsselt.

Überkreuzbewegung

Dauer der Übung: mindestens 1 Minute – und so lange es Spaß macht.

Ausführung der Übung:

Bewegen Sie abwechselnd linkes Bein - rechter Arm, rechtes Bein - linker Arm und berühren Sie dabei mit der Hand das gegenüberliegende Knie.

Die Überkreuzbewegungen können in vielen Variationen ausgeführt werden, so kann man z. B. auch hinter dem Körper den gegenüberliegenden Fuß berühren. Die Bewegungen können auch im Sitzen oder Liegen durchgeführt werden. Mit Musik in verschiedenen Rhythmen macht's noch mehr Spaß. Zusätzlich können die Augen in alle Richtungen kreisen (oben, unten, links, rechts).

Ziel der Übung:

- fördert die Stimulation der beiden Hemisphären;
- verbessert beidäugiges, plastisches Sehen;
- verbessert das Lesen und Verstehen, das Zuhören und die Rechtschreibung;
- verbessert die Koordinationsbewegungen im Raum.

Energiegähnen

Dauer der Übung: 3- bis 6-mal

Ausführung der Übung:

Ertasten Sie durch Öffnen und Schließen des Mundes Ihr Kiefergelenk mit den Fingerspitzen. Tun Sie nun so, als ob Sie gähnen wollten. Geben Sie einen tiefen, entspannten Gähnton von sich, während Sie mit den Fingern das Kiefergelenk leicht massieren, um die Muskeln zu entspannen.

Ziel der Übung:

- Gähnen verbessert die Kreislaufsituation und damit die Energiezufuhr zum Gehirn, es bewirkt eine Entspannung der Gesichtsmuskulatur und der Schädelknochen.
- Die Übung verbessert Selbstausdruck und Kreativität beim Sprechen und Singen.

Denkmütze

Die Ohren schalten nach „ausgiebigem Genuss" von elektronischen Klängen aus Walkman-Kopfhörern, Radio- und Fernsehlautsprechern oder bei Computer- und Videospielen ab und können durch diese Übung wieder reaktiviert werden.

Dauer der Übung: ca. 15-mal

Ausführung der Übung:

Ziehen Sie mit Daumen und Zeigefinger den Rand Ihrer Ohren nach hinten, um sie auszufalten. Beginnen Sie an der Ohrenspitze und massieren Sie sanft nach unten bis zum Ohrläppchen. Das tut besonders gut in Verbindung mit dem Energiegähnen!

Ziel der Übung:

- stimuliert über 400 Akupunkturpunkte in den Ohren;
- steigert die Aufmerksamkeit;
- verbessert das Zuhören und Sprechen;
- aktiviert das Gedächtnis.

Cook-Energieübung

Dauer der Übung: ca. 2 Minuten

Ausführung der Übung:

Erster Teil der Übung:
Legen Sie das rechte Bein angewinkelt so über das linke, dass das Fußgelenk über dem linken Knie liegt. Umfassen Sie nun das rechte Fußgelenk (den Knöchel) mit der linken Hand und legen Sie Ihre rechte Hand auf den Fußballen des rechten Fußes. Die Schuhe kann man dabei anbehalten.

Das geht natürlich auch umgekehrt, also das linke Bein über das rechte legen, das linke Fußgelenk mit der rechten Hand umfassen und die linke Hand auf den Fußballen des linken Fußes legen.

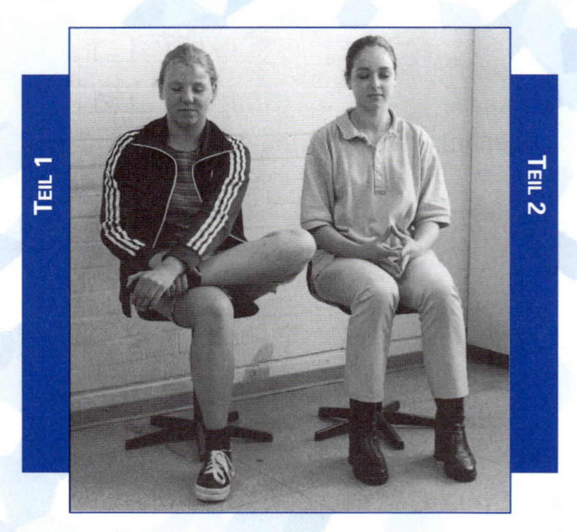

Gleichzeitig die Augen schließen, tief durch die Nase einatmen und entspannen. Beim Einatmen liegt die Zunge am Gaumen, beim Ausatmen durch den Mund wird sie entspannt und liegt locker im Mund.

Dauer: ca. 1 Minute

Zweiter Teil der Übung:
Die Beine werden entkreuzt, man sitzt aufrecht, die Beine gerade auf den Boden gestellt. Die Hände ruhen auf den Oberschenkeln, die Fingerspitzen beider Hände berühren sich. Tief ein- und ausatmen.

Dauer: ca. 1 Minute

Ziel der Übung:

Diese Übung ist zugleich eine *Entspannungs- und Stimulationsübung.*

Die Energien unseres Körpers werden durch äußere Einflüsse (Klima, Ernährung, Luftverschmutzung, Familienkonflikte etc.) sowohl geschwächt als auch überstimuliert. Die Übung soll wieder ein Gleichgewicht herstellen.

Ihre positiven Effekte:
- emotionale Zentriertheit;
- bessere Aufmerksamkeit;
- verbessertes Gleichgewicht und Koordination.

Das hört sich alles recht lustig an? Kann schon sein! Probieren Sie es doch einfach mal aus! Vielleicht hilft Ihnen die eine oder andere Übung.

mentor Abiturhilfe

Mathematik

Oberstufe

Helmuth Preckur

Lösungsteil

Gesucht ist eine Stammfunktion $F(x)$ zu $f(x)$.
Nach der Erklärung der Stammfunktion muss dann gelten: $F'(x) = f(x)$

Aufgabe 1
S. 9

1.1 $f(x) = \sin(ax+b)$; $F(x) = \frac{1}{a} \cdot (-\cos(ax+b)) = -\frac{1}{a} \cdot \cos(ax+b)$

Probe: $F(x)$ nach der Kettenregel ableiten.

$$F'(x) = -\frac{1}{a} \cdot (-\sin(ax+b)) \cdot a = \sin(ax+b) = f(x)$$

1.2 $f(x) = (ax+b)^n$ mit $n \neq -1$; $F(x) = \frac{1}{a(n+1)} \cdot (ax+b)^{n+1}$

Probe: $F(x)$ nach der Kettenregel ableiten.

$$F'(x) = \frac{1}{a(n+1)} \cdot (n+1)\,(ax+b)^n \cdot a = (ax+b)^n = f(x)$$

Bemerkung: Für $n = -1$ gilt: $f(x) = \frac{1}{ax+b}$; $F(x) = \frac{1}{a} \cdot \ln|ax+b|$ $(ax+b \neq 0)$

Vergleichen Sie dazu die Aufgabe 1.4.

1.3 $f(x) = e^{ax+b}$; $F(x) = \frac{1}{a} \cdot e^{ax+b}$

Probe: $F(x)$ nach der Kettenregel ableiten.

$$F'(x) = \frac{1}{a} \cdot e^{ax+b} \cdot a = e^{ax+b} = f(x)$$

1.4 $f(x) = \frac{1}{x}$ mit $x \neq 0$; $F(x) = \ln|x|$

Probe: Die Funktion $F(x)$ muss vor dem Differenzieren abschnittsweise ohne Betragszeichen erklärt werden:

$$F(x) = \begin{cases} \ln x & \text{für } x > 0 \\ \ln(-x) & \text{für } x < 0 \end{cases} \qquad F'(x) = \begin{cases} \frac{1}{x} & \text{für } x > 0 \\ \frac{1}{-x} \cdot (-1) = \frac{1}{x} & \text{für } x < 0 \end{cases}$$

also: $F'(x) = \frac{1}{x}$ für $x \neq 0$

1.5 $f(x) = \sqrt{ax+b} = (ax+b)^{\frac{1}{2}}$; $F(x) = \frac{2}{3a}\,(ax+b)^{\frac{3}{2}}$

Probe: $F(x)$ nach der Kettenregel ableiten.

$$F'(x) = \frac{2}{3a} \cdot \frac{3}{2} \cdot (ax+b)^{\frac{1}{2}} \cdot a = (ax+b)^{\frac{1}{2}} = \sqrt{ax+b}$$

Aufgabe 2
S. 9

2.1 Bekannt ist: $F'(x) = f(x)$ und $G'(x) = g(x)$

Da nach den Ableitungsregeln eine Summe von Funktionen gliedweise differenziert wird, gilt: $[F(x) + G(x)]' = F'(x) + G'(x) = f(x) + g(x)$

2.2 Wir beachten, dass in $k \cdot F(x)$ der konstante Faktor k beim Ableiten erhalten bleibt:

$[k \cdot F(x)]' = k \cdot F'(x) = k \cdot f(x)$

Aufgabe 3
S. 9

3.1 $f(x) = x^3 - 4x^2 + 3x - 5; \quad F(x) = \frac{x^4}{4} - \frac{4x^3}{3} + \frac{3x^2}{2} - 5x$

Probe: $F'(x) = \frac{4x^3}{4} - \frac{4 \cdot 3x^2}{3} + \frac{3 \cdot 2x}{2} - 5 = x^3 - 4x^2 + 3x - 5 = f(x)$

3.2 $f(x) = \sin x + \cos x; \quad F(x) = -\cos x + \sin x$

Probe: $F'(x) = -(-\sin x) + \cos x = \sin x + \cos x = f(x)$

1

3.3 $f(x) = 5e^x - 3e^{2x} + x^6; \quad F(x) = 5e^x - \frac{3}{2} e^{2x} + \frac{x^7}{7}$

Probe: $F'(x) = 5e^x - \frac{3}{2} e^{2x} \cdot 2 + \frac{7x^6}{7} = 5e^x - 3e^{2x} + x^6 = f(x)$

Aufgabe 4
S. 13

4.1 $f(x) = 3x^2 - 5x + 7; \quad F(x) = x^3 - \frac{5}{2} x^2 + 7x + C$

Da der Graph von F den Punkt $P\left(3; \frac{1}{2}\right)$ enthält, gilt $F(3) = \frac{1}{2}$ und die Konstante C kann berechnet werden:

$$F(3) = 3^3 - \frac{5}{2} \cdot 3^2 + 7 \cdot 3 + C = \frac{1}{2}$$

$$27 - \frac{45}{2} + 21 + C = \frac{1}{2}$$

$$C = \frac{1}{2} + \frac{45}{2} - 27 - 21$$

$$C = 23 - 48 = -25$$

Gesuchte Stammfunktion: $F(x) = x^3 - \frac{5}{2} x^2 + 7x - 25$

4.2 $f(x) = 5 \cdot \sin x - x^2 + 3; \quad F(x) = -5 \cdot \cos x - \frac{x^3}{3} + 3x + C$

Da der Graph von F den Punkt $P(0; -3)$ enthält, gilt $F(0) = -3$ und die Konstante C kann berechnet werden:

$$F(0) = -5 \cdot \cos 0 - \frac{0^3}{3} + 3 \cdot 0 + C = -3$$

Mit $\cos 0 = 1$ erhalten wir dann: $-5 \cdot 1 + C = -3$

$$C = -3 + 5 = 2$$

Gesuchte Stammfunktion: $F(x) = -5 \cdot \cos x - \frac{x^3}{3} + 3x + 2$

4.3 $f(x) = (3x+2)^5 - x^{17}$; $F(x) = \frac{1}{3 \cdot 6}(3x+2)^6 - \frac{x^{18}}{18} + C$

Da der Graph von F den Punkt $P(1; 0)$ enthält, gilt $F(1) = 0$ und die Konstante C kann berechnet werden:

$$F(1) = \frac{1}{18}(3 \cdot 1 + 2)^6 - \frac{1^{18}}{18} + C = 0$$

$$\frac{1}{18} \cdot 5^6 - \frac{1}{18} + C = 0$$

$$\frac{15625}{18} - \frac{1}{18} + C = 0$$

$$\frac{15624}{18} + C = 0$$

$$868 + C = 0$$

$$C = -868$$

Gesuchte Stammfunktion: $F(x) = \frac{1}{18}(3x+2)^6 - \frac{x^{18}}{18} - 868$

Aufgabe 5
S. 13

Der Term $f(x)$ wird zunächst als Polynom dargestellt:

$f(x) = 3(x-a)(x+a) - a^2 = 3(x^2 - a^2) - a^2 = 3x^2 - 4a^2$

$F(x) = x^3 - 4a^2x + C$ Mit der Bedingung $F(a) = 2a^3$ erhalten wir dann:

$$F(a) = a^3 - 4a^2 \cdot a + C = 2a^3$$

$$a^3 - 4a^3 + C = 2a^3$$

$$C = 2a^3 - a^3 + 4a^3 = 5a^3$$

Gesuchte Stammfunktion: $F(x) = x^3 - 4a^2x + 5a^3$

Aufgabe 6
S. 14

Für die Wendestelle der Funktion f muss die notwendige Bedingung $f''(x_W) = 0$ erfüllt sein.

$$\frac{-2}{{x_W}^2} + 2 = 0 \Rightarrow -2 + 2{x_W}^2 = 0 \Rightarrow {x_W}^2 = 1 \Rightarrow x_W = 1, \text{ da } D_f = \mathbb{R}^+$$

$\Rightarrow$ Wendepunkt $W(1; 4)$

Wegen $f'' = (f')'$ ist die Funktion f' eine Stammfunktion der Funktion f''. Bei der Integration von $f''(x)$ müssen wir aber eine additive Konstante C, die beim Differenzieren dann null ergibt, hinzufügen:

Aus $f''(x) = -2 \cdot x^{-2} + 2$ erhalten wir: $f'(x) = -2 \cdot \frac{x^{-1}}{-1} + 2x + C$

oder vereinfacht: $f'(x) = \frac{2}{x} + 2x + C$

Der Graph von f hat im Extrempunkt $E(2; y_E)$ eine waagrechte Tangente: $f'(2) = 0$

$$f'(2) = \frac{2}{2} + 2 \cdot 2 + C = 0$$

$$1 + 4 + C = 0$$

$$C = -5$$

Mit $C = -5$ erhalten wir dann für $f'(x)$ den Term: $f'(x) = \frac{2}{x} + 2x - 5$

Aufgabe 6
S. 14
Fortsetzung

Aus $f'(x)$ erhalten wir durch gliedweise Integration den Term $f(x)$. Dabei beachten wir eine additive Konstante K:

$$f(x) = 2 \cdot \ln x + x^2 - 5x + K \qquad (\ln|x| = \ln x, \text{ da } x \in \mathbb{R}^+)$$

Zur Bestimmung der Konstanten K setzen wir die Koordinaten des Wendepunktes $W(1; 4)$ in die letzte Gleichung ein:

$$4 = 2 \cdot \ln 1 + 1^2 - 5 + K \qquad | \ \ln 1 = 0 \text{ beachten}$$
$$4 = 0 + 1 - 5 + K$$
$$8 = K$$

1 + 2

Mit $K = 8$ lautet der gesuchte Funktionsterm: $f(x) = 2 \cdot \ln x + x^2 - 5x + 8$
Erst jetzt können wir die noch fehlende Koordinate des Extrempunktes $E(2; y_E)$ berechnen:

$$y_E = f(2) = 2 \cdot \ln 2 + 2^2 - 5 \cdot 2 + 8$$
$$y_E = 2 \cdot \ln 2 + 4 - 10 + 8$$
$$y_E = 2 \cdot \ln 2 + 2 \qquad | \ 2 \cdot \ln 2 = \ln 2^2 = \ln 4$$
$$y_E = \ln 4 + 2$$

Aufgabe 7
S. 14

$f''(x) = 1$; $\quad f'(x) = x + a$ mit $a \in \mathbb{R}$; Probe durch Differenzieren.
$f(x) = \frac{x^2}{2} + ax + b$ mit $b \in \mathbb{R}$; Probe durch Differenzieren.

Da der Graph von f die Punkte $A(0; -2)$ und $B(2; 6)$ enthält, folgt daraus $f(0) = -2$ und $f(2) = 6$. Dies liefert die beiden Gleichungen: $-2 = b$
und $\quad 6 = 2 + 2a + b$

Mit $b = -2$ lautet die zweite Gleichung $6 = 2 + 2a - 2$, aus der wir $a = 3$ erhalten.

Mit $a = 3$ und $b = -2$ können wir dann den gesuchten Funktionsterm $f(x)$ angeben:

$$f(x) = \frac{1}{2}x^2 + 3x - 2$$

Lösungen Kap. 2

Aufgabe 8
S. 28

Wir berechnen zunächst die Maßzahl A_1 derjenigen Fläche, die vom Graphen der Funktion $f(x) = x^2$, der x-Achse und der Geraden $x = b$ $(b > 0)$ begrenzt wird.
Das Intervall $[0; b]$ zerlegen wir mithilfe der inneren Teilpunkte $a_1; a_2; a_3; \ldots; a_{n-1}$ in n gleich lange Intervalle der Länge $\Delta x = \frac{b}{n}$. Für die Bildung der RIEMANN'schen Summe wählen wir auch diesmal jeweils den Funktionswert im rechten Randpunkt des zugehörigen Teilintervalls:

$$A_n = f(a_1) \cdot \Delta x + f(a_2) \cdot \Delta x + f(a_3) \cdot \Delta x + \ldots + f(a_n) \cdot \Delta x$$

Mit $a_1 = 1 \cdot \Delta x$, $a_2 = 2 \cdot \Delta x$, $a_3 = 3 \cdot \Delta x$, $\ldots$, $a_n = n \cdot \Delta x$ und $f(x) = x^2$ erhalten wir dann die Rechteckssumme:

$$A_n = (1 \cdot \Delta x)^2 (\Delta x) + (2 \cdot \Delta x)^2 (\Delta x) + (3 \cdot \Delta x)^2 (\Delta x) + \ldots + (n \cdot \Delta x)^2 (\Delta x)$$
$$A_n = (1^2 + 2^2 + 3^2 + \ldots + n^2)(\Delta x)^3$$

Mit der angegebenen Formel für die Summe der Quadrate und mit $\Delta x = \frac{b}{n}$ erhalten wir:

$$A_n = \frac{n(n+1)(2n+1)}{6} \cdot \frac{b^3}{n^3} = \frac{n}{n} \cdot \frac{n+1}{n} \cdot \frac{2n+1}{n} \cdot \frac{b^3}{6} = 1 \cdot \left(1 + \frac{1}{n}\right)\left(2 + \frac{1}{n}\right) \cdot \frac{b^3}{6}$$

Nun können wir den Grenzübergang $n \to \infty$ durchführen.

Wegen $1 + \frac{1}{n} \to 1$ und $2 + \frac{1}{n} \to 2$ gilt:

$$A_1 = \lim_{n \to \infty} A_n = 1 \cdot 1 \cdot 2 \cdot \frac{b^3}{6} = \frac{b^3}{3}$$

$$A_1 = \frac{b^3}{3}$$

Mit der in Abschnitt 2.2.3 eingeführten Schreibweise können wir A_1 auch so darstellen:

$$A_1 = \int_0^b x^2 \mathrm{d}x = \frac{b^3}{3}$$

2

Für die Maßzahl A_2 der Fläche, die vom Graphen der Funktion $f(x) = x^2$, der x-Achse und der Geraden $x = a$ $(0 \leqq a < b)$ gebildet wird, liefert eine analoge Rechnung:

$$A_2 = \int_0^a x^2 \mathrm{d}x = \frac{a^3}{3}$$

Für die Maßzahl A der in der Aufgabe beschriebenen Fläche gilt dann $A = A_1 - A_2$.

$$A = \int_a^b x^2 \mathrm{d}x = \frac{b^3}{3} - \frac{a^3}{3}$$

Aufgabe 9
S. 30

Das Intervall $[0; b]$ wird durch n-Teilung in n gleich lange Teilintervalle der Länge $\Delta x = \frac{b}{n}$ zerlegt. In jedem Teilintervall bilden wir nun Kreisscheiben mit der Dicke Δx und dem Radius $R_k = f(a_k) = a_k$, da $f(x) = x$ ist.
Für das Volumen einer solchen Kreisscheibe gilt dann: $V_k = R_k^2 \cdot \pi \cdot \Delta x = a_k^2 \cdot \pi \cdot \Delta x$

Summieren wir nun von $k = 1$ bis $k = n$, so erhalten wir eine RIEMANN'sche Summe für das Näherungsvolumen des Kegels.

$$V_n = (a_1^2 + a_2^2 + a_3^2 + \ldots + a_n^2) \cdot \pi \cdot \Delta x$$

Mit $a_1 = 1 \cdot \Delta x,\ a_2 = 2 \cdot \Delta x,\ \ldots,\ a_n = n \cdot \Delta x$ und $\Delta x = \frac{b}{n}$ gilt dann:

$$V_n = (1^2 + 2^2 + 3^2 + \ldots + n^2)\,(\Delta x)^2 \cdot \pi \cdot \Delta x$$

Mit $1^2 + 2^2 + 3^2 + \ldots + n^2 = \frac{n \cdot (n+1)(2n+1)}{6}$ und $\Delta x = \frac{b}{n}$ folgt:

$$V_n = \frac{n \cdot (n+1)(2n+1)}{6} \cdot \pi \cdot \frac{b^3}{n^3} = \frac{n}{n} \cdot \frac{n+1}{n} \cdot \frac{2n+1}{n} \cdot \pi \cdot \frac{b^3}{6}$$

$$V_n = 1 \cdot \left(1 + \frac{1}{n}\right) \cdot \left(2 + \frac{1}{n}\right) \cdot \pi \cdot \frac{b^3}{6}$$

Für $n \to \infty$ gilt $1 + \frac{1}{n} \to 1$ und $2 + \frac{1}{n} \to 2$. Für das Volumen V des Kegels erhalten wir damit:

$$V = \lim_{n \to \infty} V_n = 1 \cdot 1 \cdot 2 \cdot \pi \cdot \frac{b^3}{6} = \frac{1}{3} \cdot b^3 \cdot \pi$$

In der Formelsammlung finden Sie für das Volumen eines geraden Kreiskegels mit

Aufgabe 9
S. 30
Fortsetzung

dem Radius r des Grundkreises und der Höhe h die Formel:

$$V = \frac{1}{3} \cdot r^2 \cdot \pi \cdot h$$

Mit $r = b$ und $h = b$ (vergleiche Figur 9) erhalten wir exakt unser Ergebnis:

$$V = \frac{1}{3} \cdot b^2 \cdot \pi \cdot b = \frac{1}{3} \cdot b^3 \cdot \pi$$

2 + 4

Lösungen Kap. 4

Aufgabe 10
S. 41

10.1 Aus $F(x) = \frac{1}{3x^3} = \frac{1}{3}x^{-3}$ erhalten wir durch Differenzieren:

$$F'(x) = \frac{1}{3} \cdot (-3)x^{-4} = -\frac{1}{x^4} = f(x),\ D_F = D_f = \mathbb{R}^+$$

Wegen $F'(x) = f(x)$ ist die Funktion F eine Stammfunktion der Funktion f. Die Funktion F kann aber keine Integralfunktion irgendeiner Funktion f sein, da die Gleichung $F(x) = 0$ keine Lösung hat. Eine Integralfunktion muss aber mindestens eine Nullstelle haben.

10.2 Aus $F(x) = \frac{1}{x^5} + 1 = x^{-5} + 1$ folgt durch Ableiten:

$$F'(x) = -5x^{-6} = \frac{-5}{x^6} = f(x),\ D_F = D_f = \mathbb{R}\setminus\{0\}$$

Nullstelle der Funktion $F(x)$: $F(x) = 0 \ \Rightarrow\ x^{-5} + 1 = 0 \ \Rightarrow\ x^5 = -1 \ \Rightarrow\ x = -1 \in \mathbb{R}^-$

Da die Funktion F genau die Nullstelle $x = -1$ hat, gibt es nur eine Darstellung von $F(x)$ als Integralfunktion mit $x = -1$ als untere Grenze: $F(x) = \int_{-1}^{x} f(t)\,dt$

Wegen der Definitionslücke $x = 0$ des Integranden $f(x) = -\frac{5}{x^6}$ kann diese Integralfunktion $F(x)$ aber nur die maximale Definitionsmenge $\mathbb{R}^-$ haben.

10.3 Aus $F(x) = x^2 - 1$ erhalten wir durch Ableiten $F'(x) = 2x \neq f(x)$. Die Funktion F ist nicht einmal Stammfunktion von f. Damit kann F auch keine Integralfunktion von f sein, da die Integralfunktionen eine Teilmenge der Stammfunktionen sind.

10.4 $F(x) = x^{-1} - 1$; $f(x) = -x^{-2}$; $D_F = D_f = \mathbb{R}^-$

$F'(x) = -1 \cdot x^{-2} = -x^{-2} = f(x)$

Nullstelle der Funktion $F(x)$: $F(x) = 0 \ \Rightarrow\ x^{-1} - 1 = 0 \ \Rightarrow\ x = 1 \notin \mathbb{R}^-$

Die Funktion $F(x)$ kann keine Integralfunktion der Funktion $f(x)$ sein, da die Funktion $F(x)$ in $\mathbb{R}^-$ keine Nullstelle hat.

Aufgabe 11
S. 55

11.1 Da der Integrand $f(x) = x^3 + x$ in $\mathbb{R}$ erklärt und stetig ist, können wir von der unteren Grenze $x = 1$ ausgehend beliebig weit nach links oder rechts integrieren.

Anders gesagt: das Integral $\int_1^\beta (x^3 + x)\,dx$ ist auf jedem Intervall der Form $[1;\beta]$ oder $[\beta;1]$ erklärt.

$$\left[\frac{x^4}{4} + \frac{x^2}{2}\right]_1^\beta = 3 \quad\Rightarrow\quad \frac{\beta^4}{4} + \frac{\beta^2}{2} - \left(\frac{1}{4} + \frac{1}{2}\right) = 3$$

$$\frac{\beta^4}{4} + \frac{\beta^2}{2} - \frac{3}{4} = 3 \quad | \cdot 4$$

$$\beta^4 + 2\beta^2 - 3 = 12$$

$$\beta^4 + 2\beta^2 - 15 = 0$$

Diese biquadratische Gleichung wird durch die Substitution $\beta^2 = z$ in eine quadratische Gleichung in z übergeführt:

$$z^2 + 2z - 15 = 0 \quad\Rightarrow\quad z = 3 \text{ oder } z = -5$$

Substitution rückgängig machen: $\beta^2 = 3$ oder $\beta^2 = -5$ (keine Lösung in $\mathbb{R}$)

$$|\beta| = \sqrt{3}$$

$$\beta = \sqrt{3} \quad \text{oder } \beta = -\sqrt{3}$$

Ergebnis: Für $\beta = \sqrt{3}$ oder $\beta = -\sqrt{3}$ hat das bestimmte Integral den Wert 3.

11.2 In der Gleichung $\int_1^2 \frac{2x^3 + k}{x^2}\,dx = 1$ ist das bestimmte Integral auf dem Intervall $[1;2]$ erklärt, da der Integrand dort definiert und stetig ist. Damit wir die Integration ausführen können, müssen wir zunächst den Integranden durch Polynomdivision vereinfachen: $\frac{2x^3 + k}{x^2} = 2x + \frac{k}{x^2} = 2x + kx^{-2}$

$$\int_1^2 (2x + kx^{-2})\,dx = 1 \quad\Rightarrow\quad \left[x^2 + \frac{kx^{-1}}{-1}\right]_1^2 = 1 \quad\Rightarrow\quad \left[x^2 - \frac{k}{x}\right]_1^2 = 1$$

$$4 - \frac{k}{2} - \left(1 - \frac{k}{1}\right) = 1 \quad\Rightarrow\quad 4 - \frac{k}{2} - 1 + k = 1 \quad\Rightarrow\quad 2 = -\frac{k}{2} \quad\Rightarrow\quad k = -4$$

Ergebnis: Für $k = -4$ hat das bestimmte Integral den Wert 1.

11.3 Bevor wir gliedweise integrieren können, muss der Integrand als Polynom dargestellt werden.

$$\int_0^1 \frac{x}{4}\,(x^2 - 12kx + 36k^2)\,dx = \frac{1}{16}$$

$$\int_0^1 \left(\frac{x^3}{4} - 3x^2k + 9xk^2\right)dx = \frac{1}{16}$$

$$\left[\frac{x^4}{16} - x^3k + \frac{9x^2k^2}{2}\right]_0^1 = \frac{1}{16}$$

$$\frac{1}{16} - k + \frac{9}{2}k^2 - 0 = \frac{1}{16} \qquad \left| -\frac{1}{16}\right.$$

$$-k + \frac{9}{2}k^2 = 0 \quad\Rightarrow\quad k\left(\frac{9}{2}k - 1\right) = 0 \quad\Rightarrow\quad k = 0 \text{ oder } \frac{9}{2}k - 1 = 0$$

$$\Rightarrow\quad k = 0 \text{ oder } k = \frac{2}{9}$$

Lösung: $k = \frac{2}{9}$, da $k = 0 \notin \mathbb{R}^+$

Aufgabe 12
S. 55

12.1 Integrand $f(x) = \dfrac{2x-8}{x^2-8x+15} = \dfrac{2(x-4)}{(x-5)(x-3)}$

Nullstellen von f: $x = 4$ (einfache Nullstelle; Schnittstelle)

Polstellen von f: $x = 3$ oder $x = 5$ (jeweils mit Zeichenwechsel)

Asymptoten:

Figur 53

Der Graph von f hat die x-Achse als waagrechte Asymptote, da $f(x)$ schon in der Restglieddarstellung vorliegt bzw. der Nenner in $f(x)$ einen höheren Grad als der Zähler hat. Außerdem hat der Graph von f noch die beiden Polasymptoten $x = 3$ und $x = 5$. Der Verlauf des Graphen von f ist in Figur 53 zu sehen. (Zu Nullstellen, Polstellen, Asymptoten und Restglieddarstellung vergleichen Sie bitte das Kapitel 9 im Band Analysis 1.)

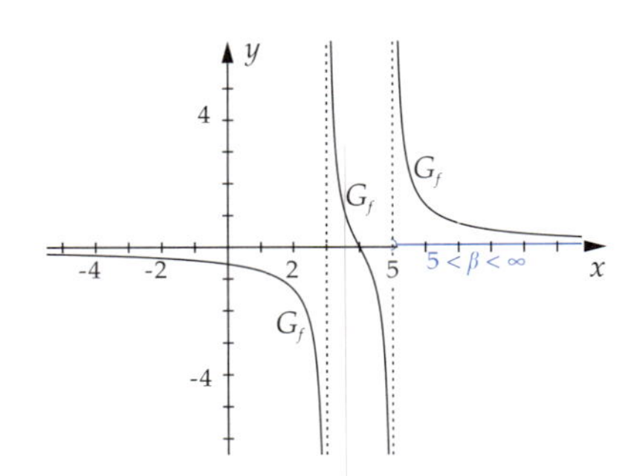

4

12.2 Von der unteren Grenze $x = 6$ ausgehend können wir so weit nach links oder nach rechts integrieren, wie der Integrand *stetig* ist. Da wir dabei keine Definitionslücke von f überschreiten dürfen, gilt: $5 < \beta < \infty$

12.3 $\displaystyle\int_6^\beta \frac{2x-8}{x^2-8x+15}\,dx = \ln\frac{5}{3}$

Da beim Integranden der Zähler $2x-8$ die Ableitung des Nenners $x^2-8x+15$ ist, erfolgt die Integration in diesem Fall über die Regel: $\displaystyle\int \frac{g'(x)}{g(x)}\,dx = \ln|g(x)| + C$

Beachten wir auch noch $\ln\frac{5}{3} = \ln 5 - \ln 3$, so erhalten wir:

$$
\begin{aligned}
[\ln|x^2-8x+15|]_6^\beta &= \ln 5 - \ln 3 \\
\ln|\beta^2-8\beta+15| - \ln 3 &= \ln 5 - \ln 3 \quad &| +\ln 3 \\
\ln|\beta^2-8\beta+15| &= \ln 5 \quad &| \text{ delogarithmieren} \\
|\beta^2-8\beta+15| &= 5
\end{aligned}
$$

$\Rightarrow\;\; \beta^2-8\beta+15 = 5$ oder $\beta^2-8\beta+15 = -5$

$\beta^2-8\beta+10 = 0$ oder $\beta^2-8\beta+20 = 0$

Die Gleichung $\beta^2-8\beta+20 = 0$ hat keine reelle Lösung!
Die Gleichung $\beta^2-8\beta+10 = 0$ hat die Lösungen $\beta = 4+\sqrt{6}$ oder $\beta = 4-\sqrt{6}$. Die Bedingung $5 < \beta < \infty$ wird aber nur von der Lösung $\beta = 4+\sqrt{6} \approx 6{,}449$ erfüllt.

Aufgabe 13
S. 55

13.1 $F(x) = \displaystyle\int_4^x (-t^2+4t)\,dt = \left[-\frac{1}{3}t^3+2t^2\right]_4^x = -\frac{1}{3}x^3+2x^2-\left(-\frac{64}{3}+32\right) =$

$= -\dfrac{1}{3}x^3+2x^2-\dfrac{32}{3} = -\dfrac{1}{3}(x^3-6x^2+32)$

Nullstellen von F: Wegen $F(4) = \int_4^4 f(t)\,dt = 0$ hat $F(x)$ die Nullstelle $x = 4$.
Die Polynomdivision oder das Horner-Schema liefern dann:
$(x^3-6x^2+32) : (x-4) = x^2-2x-8 = (x-4)(x+2)$

Die vollständige Zerlegung von $F(x)$ in Linearfaktoren lautet:

$F(x) = -\frac{1}{3}(x+2)(x-4)^2$;   Faktor $-\frac{1}{3}$ beachten!

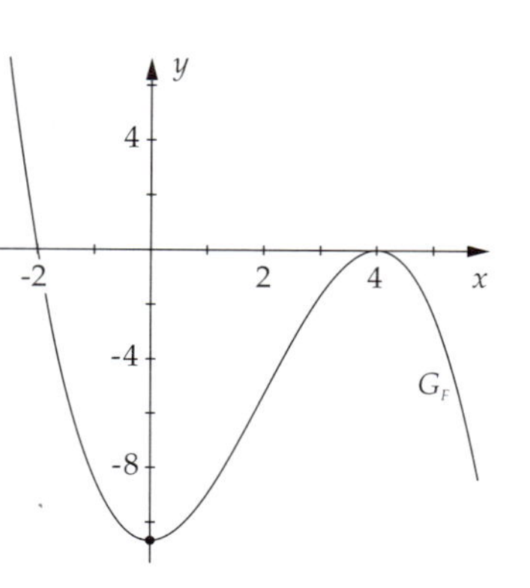

Figur 54

13.2

$x = 4$ ist doppelte Nullstelle von F
$\Rightarrow$ Berührstelle von F

$x = 2$ ist einfache Nullstelle von F
$\Rightarrow$ Schnittstelle von F

Mit $F(0) = -\frac{32}{3}$ erhalten wir dann den in Figur 54 eingetragenen Verlauf des Graphen von F.

4

14.1

Aufgabe 14
S. 55

Menge aller Integralfunktionen F_a von f:

$$F_a(x) = \int_a^x 2t\,dt = [t^2]_a^x = x^2 - a^2 \quad (a \in \mathbb{R})$$

14.2 Die Gerade $y = x - 3$ mit der Steigung $m = 1$ ist Tangente des Graphen einer bestimmten Integralfunktion $\Rightarrow$ $F_a'(x) = 1$

Differenzieren wir die Integralfunktion $F_a(x)$, so erhalten wir $F_a'(x) = 2x$. Durch Gleichsetzen der Ableitungswerte entsteht die Gleichung $2x = 1$ mit der Lösung $x = \frac{1}{2}$.

Aus der Gleichung $y = x - 3$ für die Tangente können wir nun mit $x = \frac{1}{2}$ die Koordinaten des Berührpunktes P der Tangente mit dem Graphen der gesuchten Integralfunktion berechnen:

$$x = \frac{1}{2} \text{ liefert: } y = \frac{1}{2} - 3 \Rightarrow y = -\frac{5}{2} \Rightarrow P\left(\frac{1}{2}; -\frac{5}{2}\right)$$

Aus der Menge aller Integralfunktionen von f ist nun diejenige zu bestimmen, deren Graph den Punkt P enthält.

Aus $F_a(x) = x^2 - a^2$ und $F_a\left(\frac{1}{2}\right) = -\frac{5}{2}$ erhalten wir die Gleichung $\left(\frac{1}{2}\right)^2 - a^2 = -\frac{5}{2}$.

$$\Rightarrow \frac{1}{4} - a^2 = -\frac{5}{2} \Rightarrow a^2 = \frac{11}{4} \Rightarrow |a| = \frac{\sqrt{11}}{2}$$

Die letzte Betragsgleichung hat die Lösungen $a = \frac{\sqrt{11}}{2}$ oder $a = \frac{-\sqrt{11}}{2}$.

Lösungen der Aufgabe sind die Integralfunktionen $F_a(x) = \int_a^x 2t\,dt$ mit den unteren Grenzen $a = \frac{\pm\sqrt{11}}{2}$.

Aufgabe 15
S. 55

15.1 $F(x) = \int_a^x \frac{t^2-1}{t^2}\,dt$ und $F(1) = 0$

$F(1) = 0 \quad \Rightarrow \quad \int_a^1 \frac{t^2-1}{t^2}\,dt = 0 \quad \Rightarrow \quad a = 1$, da $\int_1^1 \frac{t^2-1}{t^2}\,dt = 0$ ist.

Es existiert *nur* die Lösung $a = 1$, da $x = 1$ nach Voraussetzung *einzige* Nullstelle der Integralfunktion ist. Damit erhalten wir für den Funktionsterm $F(x)$:

$$F(x) = \int_1^x \frac{t^2-1}{t^2}\,dt$$

Definitionsmenge der Funktion F bestimmen:
Der Integrand hat bei $x = 0$ eine Definitionslücke (Polstelle), über die wir nicht hinweg integrieren dürfen. Von der unteren Grenze $x = 1$ ausgehend können wir daher nach links bis $0 + h$ und nach rechts unbeschränkt integrieren.
Die maximale Definitionsmenge für die Funktion F ist also $D_F = \mathbb{R}^+$.

Verhalten der Funktionswerte $F(x)$ an den Rändern von D_F:
Um das Verhalten von $F(x)$ für $x \to 0 + 0$ und $x \to \infty$ zu untersuchen, stellen wir den Term $F(x)$ ohne Integralzeichen dar:

$$F(x) = \int_1^x \frac{t^2-1}{t^2}\,dt = \int_1^x \left(1 - \frac{1}{t^2}\right)dt = \int_1^x (1 - t^{-2})\,dt = \left[t - \frac{t^{-1}}{-1}\right]_1^x = \left[t + \frac{1}{t}\right]_1^x =$$
$$= x + \frac{1}{x} - \left(1 + \frac{1}{1}\right) = x + \frac{1}{x} - 2$$

$F(x) = x + \frac{1}{x} - 2,\; D_F = \mathbb{R}^+ \quad \Rightarrow \quad x \to \infty\colon F(x) \to \infty; \quad x \to 0 + 0\colon F(x) \to \infty$

15.2 $F(x) = x + \frac{1}{x} - 2 = x + x^{-1} - 2,\; D_F = \mathbb{R}^+$

$F'(x) = 1 - 1 \cdot x^{-2} = 1 - \frac{1}{x^2},\; D_{F'} = \mathbb{R}^+$

$F''(x) = -1 \cdot (-2) \cdot x^{-3} = \frac{2}{x^3},\; D_{F''} = \mathbb{R}^+$

Extrempunkte des Graphen von F: $F'(x) = 0 \quad \Rightarrow \quad 1 - \frac{1}{x^2} = 0 \quad \Rightarrow \quad x^2 = 1 \quad \Rightarrow \quad |x| = 1$

$|x| = 1$ hat die Lösungen $x = 1$ oder $x = -1$. Da $x \in \mathbb{R}^+$ erfüllt sein muss, haben wir nur die Lösung $x = 1$.

Aus $F'(1) = 0$ und $F''(1) = 2 > 0$ folgt: Der Graph von F hat in $T(1; F(1)) = T(1; 0)$ einen lokalen Tiefpunkt mit waagrechter Tangente.

Wendepunkte des Graphen von F: Da die notwendige Bedingung $F''(x) = 0$, also $\frac{2}{x^3} = 0$ nicht erfüllbar ist, kann der Graph von F keine Wendepunkte haben.

Asymptoten: Für $x \to 0 + 0$ gilt: $F(x) = x + \frac{1}{x} - 2 \to \infty$
Der Graph von F hat daher die senkrechte Asymptote $x = 0$.

Aus der so genannten Restglieddarstellung $F(x) = x - 2 + \frac{1}{x}$ erhalten wir die Gleichung $y = x - 2$ für die schiefe Asymptote.

4

15.3 Die Figuren 55, 56 und 57 zeigen die Graphen der Funktionen F, F' und F''.

S. 56

Figur 55
Figur 56 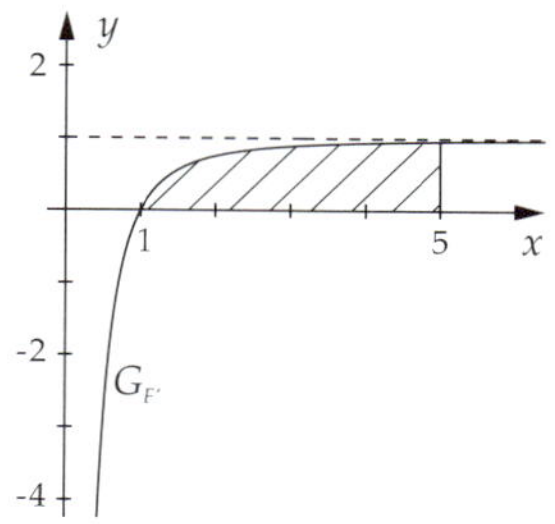
Figur 57

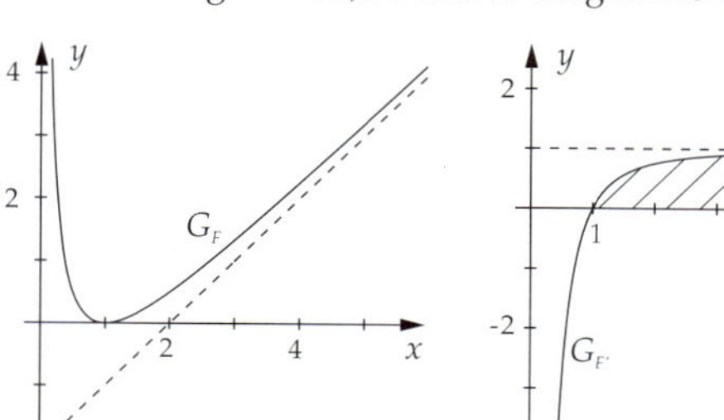

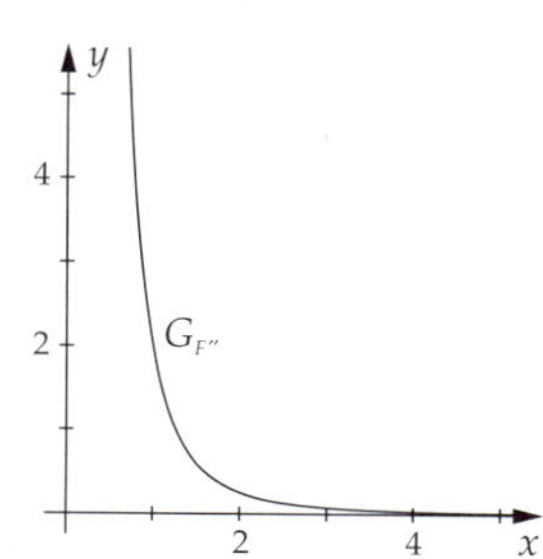

15.4

Mit dem Ergebnis der Teilaufgabe 15.1 gilt:

$$\int_1^5 \frac{x^2-1}{x^2}\,dx = \left[x + \frac{1}{x}\right]_1^5 = 5 + \frac{1}{5} - (1+1) = \frac{16}{5}$$

Dieses Ergebnis kann als Maßzahl der in Figur 56 schraffierten Fläche interpretiert werden, da der Integrand die Funktion $F'(x)$ mit $F'(x) \geqq 0$ ist, und wir in Richtung zunehmender x-Werte integrieren.

16.1 $F(x) = \int_a^x \frac{t^3-1}{t^2}\,dt = \int_a^x (t - t^{-2})\,dt$ und $F\left(-\sqrt[3]{2}\right) = 0$

Aufgabe 16
S. 56

Da die Integralfunktion die einzige Nullstelle $x = -\sqrt[3]{2}$ hat, kommt nur diese Nullstelle als untere Grenze infrage.

Der Integrand $f(x) = \frac{x^3-1}{x^2}$ hat bei $x = 0$ eine Definitionslücke, über die wir nicht hinweg integrieren dürfen.

Von $x = -\sqrt[3]{2}$ ausgehend können wir nach links unbeschränkt und nach rechts bis $x = 0 - h$ integrieren. Damit ergibt sich die maximale Definitionsmenge der Integralfunktion zu $D_F = \mathbb{R}^-$.

16.2 Darstellung von $F(x)$ mit Integralzeichen: $F(x) = \int_{-\sqrt[3]{2}}^{x} \frac{t^3-1}{t^2}\,dt$

Darstellung von $F(x)$ ohne Integralzeichen:

$$F(x) = \int_{-\sqrt[3]{2}}^{x} (t - t^{-2})\,dt = \left[\frac{t^2}{2} - \frac{t^{-1}}{-1}\right]_{-\sqrt[3]{2}}^{x} = \left[\frac{t^2}{2} + \frac{1}{t}\right]_{-\sqrt[3]{2}}^{x} = \frac{x^2}{2} + \frac{1}{x} - \left[\frac{\left(-2^{\frac{1}{3}}\right)^2}{2} - \frac{1}{2^{\frac{1}{3}}}\right] =$$

$$= \frac{x^2}{2} + \frac{1}{x} - \left[2^{-1} \cdot 2^{\frac{2}{3}} - 2^{-\frac{1}{3}}\right] = \frac{x^2}{2} + \frac{1}{x} - \left[2^{-\frac{1}{3}} - 2^{-\frac{1}{3}}\right] = \frac{x^2}{2} + \frac{1}{x} - 0 = \frac{x^3+2}{2x}$$

$$F(x) = \frac{x^3+2}{2x}$$

16.3

Verhalten der Funktionswerte $F(x)$: $x \to 0-0$: $F(x) \to -\infty$; $\quad x \to -\infty$: $F(x) \to +\infty$

Aufgabe 16
S. 56
Fortsetzung

16.4 $F(x) = \frac{x^3+2}{2x}$, $D_F = \mathbb{R}^-$; $\quad F'(x) = \frac{x^3-1}{x^2} = x - \frac{1}{x^2}$, $D_{F'} = \mathbb{R}^-$

$F''(x) = 1 + \frac{2}{x^3} = \frac{x^3+2}{x^3}$, $D_{F''} = \mathbb{R}^-$; $\quad F'''(x) = \frac{-6}{x^4}$, $D_{F'''} = \mathbb{R}^-$

Extrempunkte: $F'(x) = 0 \;\Rightarrow\; \frac{x^3-1}{x^2} = 0 \;\Rightarrow\; x^3 - 1 = 0 \;\Rightarrow\; x = 1 \notin \mathbb{R}^-$

Der Graph der Funktion F hat keine Extrempunkte mit waagrechter Tangente und auch keine Randextrema.

Wendepunkte: $F''(x) = 0 \;\Rightarrow\; \frac{x^3+2}{x^3} = 0 \;\Rightarrow\; x^3 = -2 \;\Rightarrow\; x = -\sqrt[3]{2} \in \mathbb{R}^-$

4

Aus $F''\left(-\sqrt[3]{2}\right) = 0$ und $F'''\left(-\sqrt[3]{2}\right) \neq 0$ und $F\left(-\sqrt[3]{2}\right) = 0$ folgt der Wendepunkt $W\left(-\sqrt[3]{2}; 0\right)$ des Graphen von F.

Asymptoten:
Da in der gebrochenrationalen Funktion F der Zählergrad um 2 größer ist als der Nennergrad, hat der Graph von F *keine* waagrechte oder schiefe Asymptote.

Aus der Restglieddarstellung $F(x) = \frac{1}{2}x^2 + \frac{1}{x}$ folgt, dass der Graph von F für $x \to -\infty$ den Graphen von $y = \frac{1}{2}x^2$ als Näherungsfunktion besitzt. Es handelt sich dabei um um eine Näherungsparabel 2. Ordnung. (Vergleiche dazu Abschnitt 9.5.1 im Band Analysis 1.)

Für $x \to 0-0$ gilt: $F(x) \to \infty$. Der Graph von F hat daher für $x \to 0-0$ die senkrechte Asymptote $x = 0$.

16.5 In den Figuren 58, 59 und 60 sind die Graphen der Funktionen F, F' und F'' zu sehen.

Figur 58
Figur 59
Figur 60

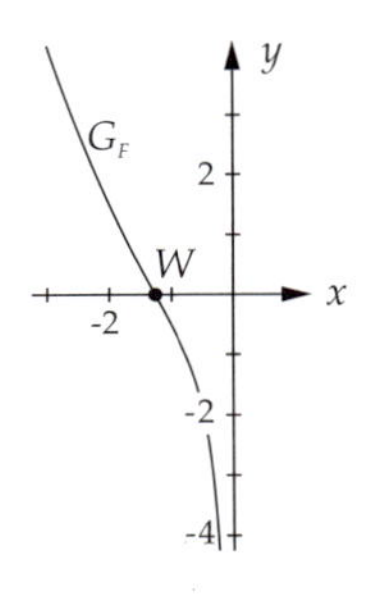

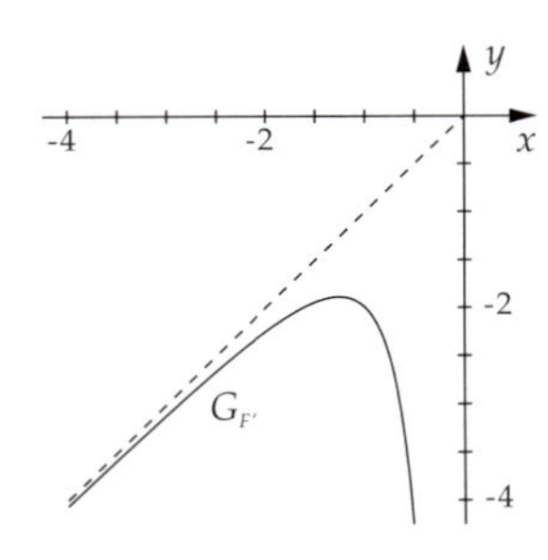

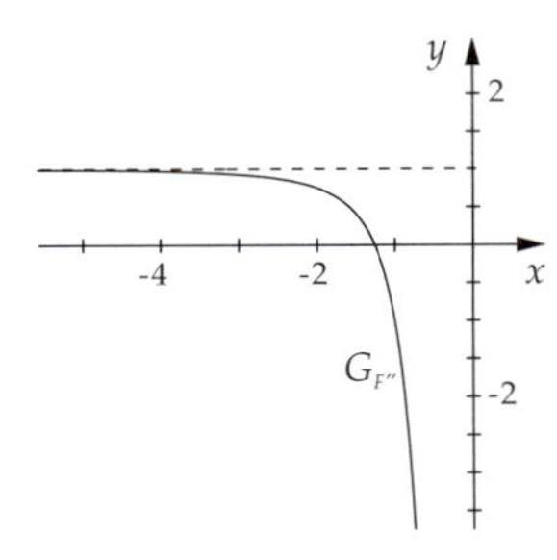

16.6

$$\int_{-2}^{-1} \frac{x^3-1}{x^2}\,dx = \int_{-2}^{-1} (x - x^{-2})\,dx = \left[\frac{x^2}{2} - \frac{x^{-1}}{-1}\right]_{-2}^{-1} = \left[\frac{x^2}{2} + \frac{1}{x}\right]_{-2}^{-1} = \frac{1}{2} - 1 - \left(2 - \frac{1}{2}\right) =$$

$$= -0{,}5 - 1{,}5 = -2$$

Mit dem Ergebnis aus 16.2 können Sie auch so rechnen:

$$\int_{-2}^{-1} \frac{x^3-1}{x^2}\,dx = [F(x)]_{-2}^{-1} = \left[\frac{x^3+2}{2x}\right]_{-2}^{-1} = \frac{-1+2}{-2} - \frac{-8+2}{-4} = -\frac{1}{2} - \frac{6}{4} = -\frac{1}{2} - \frac{3}{2} = -2$$

Aufgabe 17
S. 69

17.1 $f(x) = 3x^2 - \frac{1}{4}x^4,\ D_f = \mathbb{R}$

Die Funktion f ist eine *gerade* Funktion. Aus $f(-x) = f(x)$ folgt, dass der Graph von f achsensymmetrisch zur $f(x)$-Achse liegt. Beachten Sie dies bei der Untersuchung des Funktionsgraphen! Die Koordinaten von Extrem- und Wendepunkten müssen Sie nur für $x \geqq 0$ berechnen. Die Koordinaten symmetrisch gelegener Punkte werden dann einfach angegeben.

Nullstellen von f: $f(x) = 0 \quad \Rightarrow \quad x^2(3 - \frac{1}{4}x^2) = 0 \quad \Rightarrow \quad x^2 = 0$ oder $x^2 = 12$

$x^2 = 0 \quad \Rightarrow \quad x = 0$ (doppelte Nullstelle; Berührstelle)

$x^2 = 12 \quad \Rightarrow \quad x = 2 \cdot \sqrt{3}$ oder $x = -2 \cdot \sqrt{3}$ (Schnittstellen)

Ableitungen bereitstellen:

$f'(x) = 6x - x^3 = -x(x^2 - 6) = -x\left(x - \sqrt{6}\right)\left(x + \sqrt{6}\right),\ D_{f'} = \mathbb{R}$

$f''(x) = 6 - 3x^2 = -3(x^2 - 2) = -3\left(x - \sqrt{2}\right)\left(x + \sqrt{2}\right),\ D_{f''} = \mathbb{R}$

$f'''(x) = -6x,\ D_{f'''} = \mathbb{R}$

Extrempunkte des Graphen von f: $f'(x) = 0 \quad \Rightarrow \quad x = 0$ oder $x = \sqrt{6}$ oder $x = -\sqrt{6}$

Aus $f'(0) = 0$ und $f''(0) = 6 > 0$ folgt zusammen mit $f(0) = 0$ der lokale Tiefpunkt $T(0; 0)$ mit waagrechter Tangente.

Aus $f'\left(\sqrt{6}\right) = 0$ und $f''\left(\sqrt{6}\right) < 0$ folgt zusammen mit $f\left(\sqrt{6}\right) = 9$ der lokale Hochpunkt $H_1\left(\sqrt{6}; 9\right)$ mit waagrechter Tangente.

Wegen der Symmetrie des Graphen von f zur $f(x)$-Achse erhalten wir ohne weitere Rechnungen den zweiten lokalen Hochpunkt $H_2\left(-\sqrt{6}; 9\right)$

Wendepunkte des Graphen von f:

$f''(x) = 0 \quad \Rightarrow \quad -3\left(x - \sqrt{2}\right)\left(x + \sqrt{2}\right) = 0$

$\Rightarrow \quad x = \sqrt{2}$ oder $x = -\sqrt{2}$

Aus $f''\left(\sqrt{2}\right) = 0$ und $f'''\left(\sqrt{2}\right) \neq 0$ erhalten Sie zusammen mit $f\left(\sqrt{2}\right) = 5$ die Koordinaten des Wendepunktes $W_1\left(\sqrt{2}; 5\right)$.

Wegen Symmetrie ist $W_2\left(-\sqrt{2}; 5\right)$.

Die Figur 61 zeigt den Verlauf des Graphen von f.

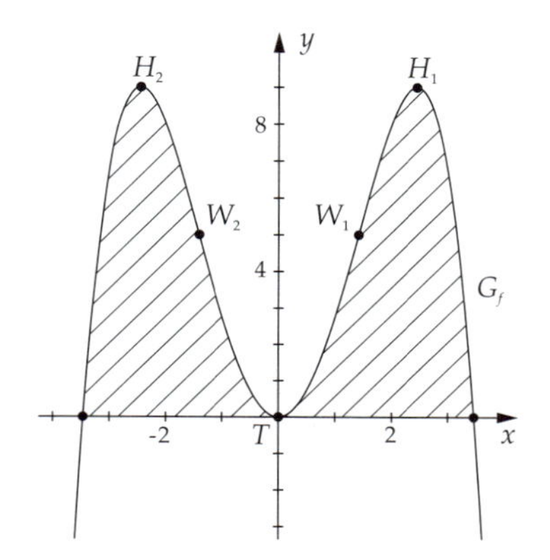

Figur 61

17.2

Aus der Figur 61 folgt für die Maßzahl A der schraffierten Fläche:

$$A = 2 \cdot \int_0^{2\sqrt{3}} \left(3x^2 - \frac{1}{4}x^4\right) dx = 2 \cdot \left[x^3 - \frac{x^5}{20}\right]_0^{2\sqrt{3}} = 2 \cdot \left[8 \cdot 3\sqrt{3} - \frac{32 \cdot 9\sqrt{3}}{20} - 0\right] = \frac{96\sqrt{3}}{5}$$

6

Aufgabe 18
S. 69

18.1 $f(x) = \frac{1}{4}x(x-6)^2,\ D_f = \mathbb{R}$

Nullstellen von f: $f(x) = 0 \quad \Rightarrow \quad \frac{1}{4}x(x-6)^2 = 0 \quad \Rightarrow \quad x = 0$ oder $x = 6$

$x = 0$ ist Schnittstelle (einfache Nullstelle).
$x = 6$ ist Berührstelle (doppelte Nullstelle).

Ableitungen bereitstellen:

$$f(x) = \frac{1}{x}\,x(x^2-12x+36) = \frac{1}{4}\,(x^3-12x^2+36x)$$

$$f'(x) = \frac{1}{4}\,(3x^2-24x+36) = \frac{3}{4}\,(x^2-8x+12) = \frac{3}{4}\,(x-6)\,(x-2),\ D_{f'} = \mathbb{R}$$

$$f''(x) = \frac{3}{4}\,(2x-8) = \frac{3}{2}\,(x-4),\ D_{f''} = \mathbb{R}$$

$$f'''(x) = \frac{3}{2},\ D_{f'''} = \mathbb{R}$$

Extrempunkte des Graphen von f:

$f'(x) = 0 \quad \Rightarrow \quad \frac{3}{4}\,(x-6)\,(x-2) = 0 \quad \Rightarrow \quad x = 6$ oder $x = 2$

Aus $f'(6) = 0$ und $f''(6) = 3 > 0$ folgt zusammen mit $f(6) = 0$ der lokale Tiefpunkt $T(6; 0)$ des Graphen der Funktion f.
Aus $f'(2) = 0$ und $f''(2) = -3 < 0$ folgt zusammen mit $f(2) = 8$ der lokale Hochpunkt $H(2; 8)$.

Figur 62

Wendepunkte des Graphen von f:

$f''(x) = 0 \quad \Rightarrow \quad \frac{3}{2}\,(x-4) = 0 \quad \Rightarrow \quad x = 4$

Aus $f''(4) = 0$ und $f'''(4) = \frac{3}{2} \neq 0$ folgt zusammen mit $f(4) = 4$ der Wendepunkt $W(4\,;4)$ des Graphen von f.

Der Verlauf des Graphen dieser Funktion ist in Figur 62 eingetragen.

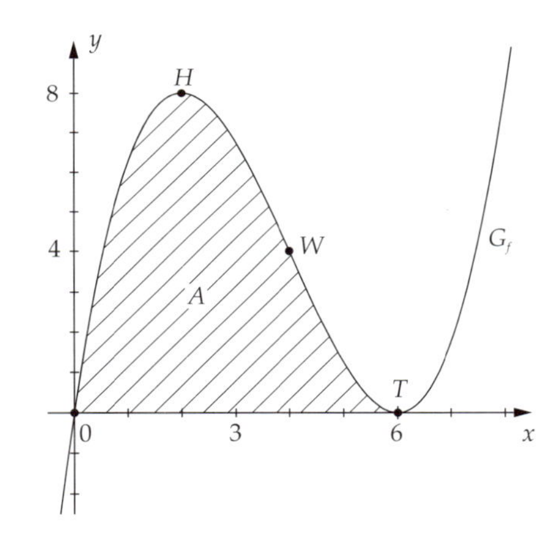

18.2
Aus der Figur 62 entnehmen wir die Integrationsgrenzen $x = 0$ und $x = 6$ für die Berechnung der positiven Maßzahl A der schraffierten Fläche.

$$A = \int_0^6 \frac{1}{4}\,x(x-6)^2\mathrm{d}x = \int_0^6 \frac{1}{4}\,(x^3-12x^2+36x)\,\mathrm{d}x = \frac{1}{4}\cdot\left[\frac{x^4}{4} - 4x^3 + 18x^2\right]_0^6 =$$

$$= \frac{1}{4}\left[x^2\left(\frac{x^2}{4} - 4x + 18\right)\right]_0^6 = \frac{36}{4}\,(9-24+18) = 27$$

Aufgabe 19
S. 69

19.1 $f(x) = ax^4 + bx^3 + cx^2 + dx;\quad e = 0$, da $O(0; 0)$ Kurvenpunkt ist.

$f'(x) = 4ax^3 + 3bx^2 + 2cx + d;\quad f''(x) = 12ax^2 + 6bx + 2c$

Der Ursprung $O(0; 0)$ ist Wendepunkt mit waagrechter Wendetangente.

$$\Rightarrow \begin{cases} f''(0) = 0 & \Rightarrow \quad 2c = 0 \quad \Rightarrow \quad c = 0 \\ f'(0) = 0 & \Rightarrow \quad d = 0 \end{cases}$$

Neuer Ansatz für den Funktionsterm $f(x)$: $f(x) = ax^4 + bx^3$, da $c = d = e = 0$

Der Punkt $P(-2; 0)$ ist Kurvenpunkt $\Rightarrow$ $f(-2) = 0$

$\Rightarrow$ $16a - 8b = 0$ $\Rightarrow$ $b = 2a$

Damit können wir, wie verlangt, den Funktionsterm $f(x)$ unter Verwendung des Koeffizienten a angeben:

$f(x) = ax^4 + 2ax^3 = ax^3(x + 2)$, $D_f = \mathbb{R}$

19.2 $f(x) = 0 \quad \Rightarrow \quad x = 0$ oder $x = -2$ (jeweils Schnittstelle)

6

Wenn wir in Richtung zunehmender x-Werte integrieren, also von $x = -2$ bis $x = 0$, kann wegen $a \neq 0$ der Graph von f in diesem Intervall oberhalb oder unterhalb der x-Achse liegen.
Wollen wir die Fallunterscheidung $a > 0$ bzw. $a < 0$ vermeiden, dann müssen wir den Wert des Integrals in Betragsstriche setzen:

$$\left| \int_{-2}^{0} (ax^4 + 2ax^3)\,\mathrm{d}x \right| = \frac{32}{15} \quad \Rightarrow \quad \left| a \cdot \left[\frac{x^5}{5} + \frac{x^4}{2} \right]_{-2}^{0} \right| = \frac{32}{15}$$

$$\left| a \cdot \left(0 - \left(\frac{-32}{5} + 8\right)\right) \right| = \frac{32}{15}$$

$$\left| a \cdot \left(0 + \frac{32}{5} - \frac{40}{5}\right) \right| = \frac{32}{15} \quad \Rightarrow \quad \left| -\frac{8}{5} \cdot a \right| = \frac{32}{15} \quad \Rightarrow \quad \left| -\frac{8}{5} \right| \cdot |a| = \frac{32}{15}$$

Mit $\left| -\frac{8}{5} \right| = \frac{8}{5}$ erhalten wir: $\frac{8}{5} \cdot |a| = \frac{32}{15} \quad \Rightarrow \quad |a| = \frac{32 \cdot 5}{15 \cdot 8} = \frac{4}{3}$

$\Rightarrow \quad a = \frac{4}{3}$ oder $a = -\frac{4}{3}$

Ergebnis:

Lösungen der Aufgabe sind die Funktionen $f(x) = \frac{4}{3}x^3(x + 2)$ bzw. $f(x) = -\frac{4}{3}x^3(x + 2)$.

Für $a = \frac{4}{3}$ liegt die Fläche unterhalb der x-Achse; für $a = -\frac{4}{3}$ dagegen oberhalb der x-Achse.

20.1 $f(x) = \frac{1}{20}x^3(x - 5)^2 + 2$, $D_f = \mathbb{R}$

Aufgabe 20
S. 69

Umformung des Funktionsterms:

$$f(x) = \frac{1}{20}x^3(x^2 - 10x + 25) + 2 = \frac{1}{20}(x^5 - 10x^4 + 25x^3 + 40)$$

Ableitungen bereitstellen:

$$f'(x) = \frac{1}{20}(5x^4 - 40x^3 + 75x^2) = \frac{x^2}{4}(x^2 - 8x + 15) = \frac{x^2}{4}(x - 5)(x - 3)$$

$$f''(x) = \frac{1}{20}(20x^3 - 120x^2 + 150x) = \frac{x}{2}(2x^2 - 12x + 15)$$

Aufgabe 20
S. 69
Fortsetzung

Extrempunkte des Graphen von f: $f'(x) = 0 \quad \Rightarrow \quad \frac{x^2}{4}(x-5)(x-3) = 0$

$\Rightarrow \quad x = 0$ oder $x = 5$ oder $x = 3$

Aus $f'(0) = 0$ und $f''(0) = 0$ und $f'''(0) \neq 0$ folgt, dass der Punkt $W(0; 2)$ eine *Terrasse* des Graphen von f ist. (Terrasse = Wendepunkt mit waagrechter Wendetangente)

Aus $f'(5) = 0$ und $f''(5) = \frac{25}{2} > 0$ folgt zusammen mit $f(5) = 2$ der lokale Tiefpunkt $T(5; 2)$ des Graphen von f.

Aus $f'(3) = 0$ und $f''(3) = -\frac{9}{2} < 0$ folgt zusammen mit $f(3) = 7{,}4$ der lokale Hochpunkt $H(2; 7{,}4)$ des Graphen von f.

6

Figur 63

Wendepunkte des Graphen von f:

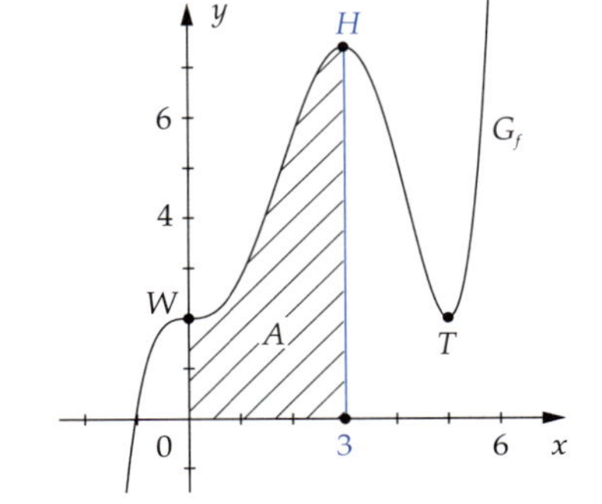

Einen Wendepunkt $W(0; 2)$ haben wir schon gefunden.
Beachten Sie in der Aufgabenstellung, dass nur nach den Abszissen (x-Werte) der Wendepunkte gefragt ist. Diese Fragestellung ist oft in Prüfungsaufgaben zu finden, wenn die Berechnung der Ordinaten (= y-Werte) zu viel Rechenaufwand erfordert.

Abszissen der Wendepunkte (= Wendestellen):

$$f''(x) = 0 \quad \Rightarrow \quad \frac{x}{2}(2x^2 - 12x + 15) = 0$$

$$\Rightarrow \quad x = 0 \text{ oder } x = 3 + \frac{\sqrt{6}}{2} \text{ oder } x = 3 - \frac{\sqrt{6}}{2}$$

Da diese Stellen jeweils Nullstellen von $f''(x)$ mit Vorzeichenwechsel sind, sind sie auch Wendestellen des Graphen von f. (Vergleiche dazu Abschnitt 5.1 in Analysis 2.)

Der Verlauf des Graphen von f ist in der Figur 63 zu sehen.

20.2
Wir entnehmen der Figur 63, dass wir von $x = 0$ bis $x = 3$ integrieren müssen, um die positive Maßzahl A der schraffierten Fläche zu erhalten, da in diesem Intervall die Funktionswerte $f(x)$ positiv sind.

$$A = \int_0^3 \frac{1}{20}(x^5 - 10x^4 + 25x^3 + 40)\,\mathrm{d}x = \frac{1}{20} \cdot \left[\frac{x^6}{6} - 2x^5 + \frac{25x^4}{4} + 40x\right]_0^3 =$$

$$= \frac{1}{20} \cdot \left(\frac{729}{6} - 486 + \frac{2025}{4} + 120 - 0\right) = \frac{1}{20} \cdot \left(\frac{243}{2} + \frac{2025}{4} - 366\right) =$$

$$= \frac{1}{20} \cdot \frac{486 + 2025 - 1464}{4} = \frac{1047}{80}$$

Aufgabe 21
S. 69

$f(x) = -\frac{1}{2}x^2 + \frac{3}{2}x + 5 = -\frac{1}{2}(x^2 - 3x - 10) = -\frac{1}{2}(x-5)(x+2)$

Nullstellen von f: $f(x) = 0 \quad \Rightarrow \quad -\frac{1}{2}(x-5)(x+2) = 0 \quad \Rightarrow \quad x = 5$ oder $x = -2$

Schnitt des Graphen von f mit der $f(x)$-Achse:

Bedingung: $x = 0 \quad \Rightarrow \quad f(0) = 5 \quad \Rightarrow \quad P(0; 5)$

Gleichung der Tangente t in $P(0; 5)$ aufstellen: $f'(x) = -x + \frac{3}{2}$

Ansatz für die Tangente t: $y = m \cdot x + b$ mit $m = f'(0) = \frac{3}{2}$

$y = \frac{3}{2} \cdot x + b$ und $P(0; 5)$ auf der Tangente liefert: $5 = \frac{3}{2} \cdot 0 + b \quad \Rightarrow \quad b = 5$

$$t\colon\ y = \frac{3}{2} \cdot x + 5$$

Schnitt der Tangente t mit der x-Achse:

$y = 0 \quad \Rightarrow \quad \frac{3}{2} \cdot x + 5 = 0 \quad \Rightarrow \quad 3x = -10 \quad \Rightarrow \quad x = -\frac{10}{3}$

Den Verlauf des Graphen von f und die Tangente t im Punkt P sehen Sie in der Figur 64.

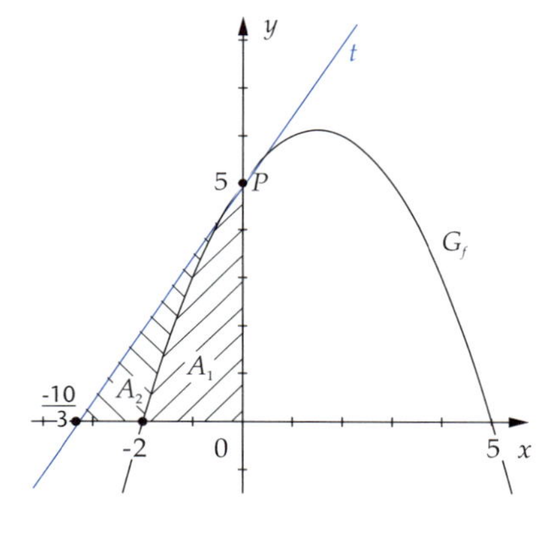

Figur 64

Flächenberechnungen:
Vergleichen Sie in der Figur 64:

$$A_1 = \int_{-2}^{0} \left(-\frac{1}{2}\left(x^2 - 3x - 10\right)\right) \mathrm{d}x =$$

$$= -\frac{1}{2} \cdot \left[\frac{x^3}{3} - \frac{3x^2}{2} - 10x\right]_{-2}^{0} =$$

$$= -\frac{1}{2} \cdot \left(0 - \left(-\frac{8}{3} - 6 + 20\right)\right) = \frac{17}{3}$$

Die Summe der beiden schraffierten Flächen ist ein Dreieck mit der Grundlinie $\frac{10}{3}$ und der Höhe 5: $A_1 + A_2 = \frac{1}{2} \cdot \frac{10}{3} \cdot 5 = \frac{50}{6} = \frac{25}{3}$

Mit dem obigen Ergebnis für $A_1 = \frac{17}{3}$ können wir daraus die Maßzahl A_2 berechnen:

$A_2 = \frac{25}{3} - A_1 = \frac{25}{3} - \frac{17}{3} = \frac{8}{3}$

$A_1 : A_2 = \frac{17}{3} : \frac{8}{3} = 17 : 8$

Aufgabe 22
S. 70

22.1 Symmetrie der Graphen:
Die Graphen der Funktionen f_k liegen punktsymmetrisch zum Ursprung $O(0; 0)$, da im Funktionsterm $f(x)$ nur *ungerade* Hochzahlen bei den Potenzen von x auftreten und *keine* additive Konstante vorhanden ist.
Sie können diese Art der Symmetrie auch rechnerisch begründen:

$$f_k(-x) = \frac{k}{3}(-x)^3 - (k+1)(-x) = -\frac{k}{3}x^3 + (k+1)x = -f_k(x)$$

Aus $f_k(-x) = -f_k(x)$ für alle $x \in D_{f_k} = \mathbb{R}$ folgt nun die Punktsymmetrie der Graphen zum Ursprung $O(0; 0)$.

Aufgabe 22
S. 70
Fortsetzung

Gemeinsame Punkte der Graphen mit der x-Achse: $f_k(x) = 0 \Rightarrow x \cdot \left(\frac{k}{3}x^2 - (k+1)\right) = 0$

$\Rightarrow \quad x = 0$ oder $x^2 = \frac{3(k+1)}{k} > 0 \quad \Rightarrow \quad x = 0$ oder $x = \sqrt{\frac{3(k+1)}{k}}$ oder $x = -\sqrt{\frac{3(k+1)}{k}}$

Alle drei Stellen sind Nullstellen 1. Ordnung und damit Schnittstellen der Graphen von f_k mit der x-Achse.

Ableitungen bereitstellen:
$f_k'(x) = kx^2 - (k+1); \quad f_k''(x) = 2kx; \quad f'''(x) = 2k > 0,$ da $k > 0$

Extrempunkte der Graphen: $f_k'(x) = 0 \quad \Rightarrow \quad kx^2 - (k+1) = 0$

$\Rightarrow \quad x^2 = \frac{k+1}{k} > 0$, da $k > 0$

$\Rightarrow \quad x = \sqrt{\frac{k+1}{k}}$ oder $x = -\sqrt{\frac{k+1}{k}}$

Aus $f_k'\left(\sqrt{\frac{k+1}{k}}\right) = 0$ und $f_k''\left(\sqrt{\frac{k+1}{k}}\right) = 2k \cdot \sqrt{\frac{k+1}{k}} > 0$ folgt

zusammen mit $f_k\left(\sqrt{\frac{k+1}{k}}\right) = \frac{-2(k+1)}{3} \cdot \sqrt{\frac{k+1}{k}}$ der lokale

Tiefpunkt $T\left(\sqrt{\frac{k+1}{k}}; \frac{-2(k+1)}{3} \cdot \sqrt{\frac{k+1}{k}}\right)$ der Graphen der Funktionen f_k.

Die Hochpunkte $H\left(-\sqrt{\frac{k+1}{k}}; \frac{2(k+1)}{3} \cdot \sqrt{\frac{k+1}{k}}\right)$ der Graphen von f_k liegen punkt-symmetrisch zu den Tiefpunkten.

Figur 65

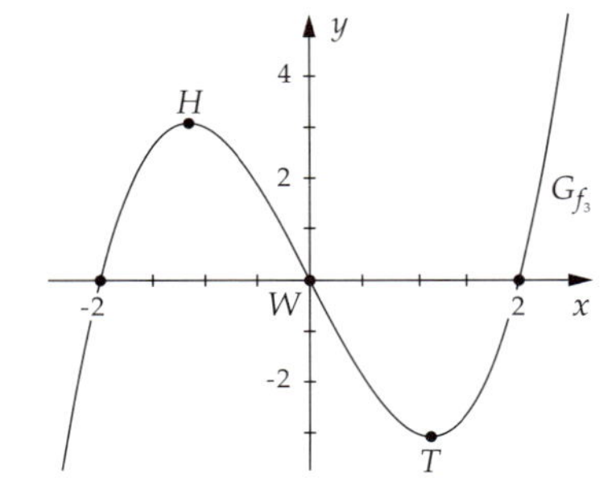

Wendepunkte der Graphen:
$f_k''(x) = 0 \quad \Rightarrow \quad 2kx = 0 \quad \Rightarrow \quad x = 0$

Aus $f_k''(0) = 0$ und $f_k'''(0) = 2k \neq 0$ folgt nun zusammen mit $f_k(0) = 0$, dass alle Graphen der Schar f_k den gemeinsamen Wendepunkt $W(0; 0)$ haben.

22.2
Koordinaten der in 22.1 berechneten Punkte für $k = 3$:

Nullstellen: $x = 0;\ x = 2;\ x = -2$

Extrema: $T\left(\frac{2\sqrt{3}}{3}; \frac{-16\sqrt{3}}{9}\right);\ H\left(\frac{-2\sqrt{3}}{3}; \frac{16\sqrt{3}}{9}\right)$

Wendepunkt: $W(0:0)$

Die Figur 65 zeigt den Verlauf des Graphen der Funktion f_3.

22.3
Aus den Rechnungen in 22.1 können wir erschließen, dass die beschriebene Fläche im IV. Quadranten liegt, da für $k > 0$ alle Tiefpunkte der Funktionenschar eine positive Abszisse und eine negative Ordinate haben.
Für die Schnittstelle der Graphen mit der positiven x-Achse setzen wir abkürzend:

$\sqrt{\frac{3(k+1)}{k}} = \beta$ und machen für die positive Maßzahl A der Fläche den folgenden Ansatz:

$$A(k) = \int_0^\beta (\text{OK} - \text{UK})\,dx = \int_0^\beta (0 - f_k(x))\,dx = \int_0^\beta \left(-\frac{k}{3}x^3 + (k+1)x\right) dx =$$

$$= \left[-\frac{k}{12}x^4 + \frac{(k+1)}{2}x^2\right]_0^\beta = -\frac{k}{12}\beta^4 + \frac{(k+1)}{2}\beta^2 - 0 =$$

$$= -\frac{k}{12}\cdot\frac{9(k+1)^2}{k^2} + \frac{k+1}{2}\cdot\frac{3(k+1)}{k} = -\frac{3(k+1)^2}{4k} + \frac{6(k+1)^2}{4k} = \frac{3(k+1)^2}{4k}$$

$$A(k) = \frac{3(k+1)^2}{4k} > 0, \text{ da } k > 0$$

Extremum von $A(k)$ nachweisen:

Die Maßzahl A der Fläche ist nun eine Funktion der Variablen k, das heißt, bei der Bildung der Ableitungen A' und A'' muss nach der Variablen k differenziert werden.
Die Ableitung $A'(k)$ wird nach der Quotientenregel in Verbindung mit der Kettenregel wie folgt berechnet:

$$A'(k) = \frac{dA(k)}{dk} = \frac{4k\cdot 3\cdot 2(k+1)\cdot 1 - 3(k+1)^2\cdot 4}{16k^2} = \frac{12(k+1)(2k-k-1)}{16k^2} =$$

$$= \frac{3(k+1)(k-1)}{4k^2}$$

$$A'(k) = 0 \quad\Rightarrow\quad k = 1 \text{ oder } k = -1$$

$A'(k) = 0$ wird nur von $k = 1$ erfüllt, da $k = -1$ nicht die Bedingung $k > 0$ erfüllt.

Vor der Bildung der 2. Ableitung $A''(k)$ formen wir in $A'(k)$ zunächst wie folgt um:

$$A'(k) = \frac{3(k^2-1)}{4k^2} = \frac{3}{4}\left(1 - \frac{1}{k^2}\right) = \frac{3}{4}(1 - k^{-2})$$

$$A''(k) = \frac{3}{4}(-1\cdot(-2)k^{-3}) = \frac{3}{2}\cdot k^{-3} = \frac{3}{2k^3} > 0, \text{ da } k > 0$$

Aus $A'(1) = 0$ und $A''(1) = \frac{3}{2} > 0$ folgt nun das Minimum für die Flächenmaßzahl.

Aufgabe 23
S. 70

Der Graph der Funktion $f(x) = -\frac{1}{4}x^2 + r^2$ ist eine nach unten geöffnete Parabel mit dem Scheitel $S(0; r^2)$.

Nullstellen von f:

$$f(x) = 0 \quad\Rightarrow\quad -\frac{1}{4}x^2 + r^2 = 0 \quad\Rightarrow\quad x^2 = 4r^2 \quad\Rightarrow\quad |x| = 2\cdot|r| = 2r, \text{ da } r > 0$$

$|x| = 2r$ hat die Lösungen $x = -2r$ oder $x = 2r$.

Die betrachtete Fläche liegt im I. Quadranten und als Integrationsgrenzen kommen daher nur $x = 0$ und $x = 2r$ infrage.

$$\int_0^{2r}\left(-\frac{1}{4}x^2 + r^2\right)dx = \frac{32}{3} \quad\Rightarrow\quad \left[-\frac{1}{12}x^3 + r^2x\right]_0^{2r} = \frac{32}{3}$$

$$-\frac{8r^3}{12} + r^2 \cdot 2r - 0 = \frac{32}{3} \quad \Rightarrow \quad -\frac{2r^3}{3} + 2r^3 = \frac{32}{3} \qquad | \cdot 3$$

$$-2r^3 + 6r^3 = 32 \quad \Rightarrow \quad 4r^3 = 32 \quad \Rightarrow \quad r^3 = 8 \quad \Rightarrow \quad r = 2$$

Ergebnis: Der Graph der Funktion $f(x) = -\frac{1}{4}x^2 + 4$ bildet mit den beiden positiven Koordinatenachsen eine Fläche, welche die Maßzahl $\frac{32}{3}$ hat.

Aufgabe 24
S. 70

6

24.1 Die Graphen der Funktionen $f_k(x) = (x-k)^2$ sind nach oben geöffnete Parabeln, welche die x-Achse mit ihren Scheiteln $S(k; 0)$ berühren. Da diese Parabeln mit Ausnahme ihrer Berührungspunkte $S(k; 0)$ mit der x-Achse oberhalb der x-Achse liegen, erhalten wir die positive Maßzahl des Flächeninhaltes, wenn wir in Richtung zunehmender x-Werte integrieren.

$$A(k) = \int_{-1}^{3} (x-k)^2 \mathrm{d}x = \int_{-1}^{3} (x^2 - 2kx + k^2)\mathrm{d}x = \left[\frac{x^3}{3} - kx^2 + k^2x\right]_{-1}^{3} =$$

$$= 9 - 9k + 3k^2 - \left(-\frac{1}{3} - k - k^2\right) = 4k^2 - 8k + \frac{28}{3}$$

$$A(k) = 4\left(k^2 - 2k + \frac{7}{3}\right)$$

24.2 $A'(k) = 4(2k-2) = 8(k-1); \quad A''(k) = 8$

Art des Extremums von $A(k)$ nachweisen: $A'(k) = 0 \;\Rightarrow\; 8(k-1) = 0 \;\Rightarrow\; k = 1$
Aus $A'(1) = 0$ und $A''(1) = 8 > 0$ folgt aber, dass $A(1)$ ein Minimum ist.

$$A(1) = 4\left(1^2 - 2 + \frac{7}{3}\right) = 4\left(-1 + \frac{7}{3}\right) = 4 \cdot \frac{4}{3} = \frac{16}{3}$$

Aufgabe 25
S. 70

25.1 Der Funktionsterm hat die Form $f_a(x) = Ax^2 + Bx$ und beschreibt eine Schar von Parabeln, die wegen $f_a(0) = 0$ alle durch den Ursprung des Koordinatensystems gehen. Damit kennen wir in $x = 0$ auch schon eine der Integrationsgrenzen.
Um die zweite Integrationsgrenze zu erhalten, müssen wir die Nullstellen der Parabeln berechnen:

$$f_a(x) = 0 \quad \Rightarrow \quad \left(\frac{1}{a} - \frac{1}{a^2}\right) \cdot x^2 + \left(\frac{1}{a} - 1\right) \cdot x = 0$$

$$x \cdot \left(\frac{a-1}{a^2}x + \frac{1-a}{a}\right) = 0 \quad \Rightarrow \quad x = 0$$

$$\text{oder} \quad \frac{a-1}{a^2}x = \frac{a-1}{a} \quad \text{bzw.} \quad x = \frac{(a-1)\,a^2}{(a-1)\,a} = a;\; a \neq 1$$

Für $a \in \mathbb{R}^+ \setminus \{1\}$ haben alle Parabeln die beiden Nullstellen $x = 0$ und $x = a$, wobei die Nullstelle $x = a$ auf dem positiven Teil der x-Achse liegt.
Wenn wir herausfinden, für welche Werte von a die zugehörigen Parabeln nach oben oder nach unten geöffnet sind, dann können wir mit der Regel $A = \int_0^a (\mathrm{OK} - \mathrm{UK})\,\mathrm{d}x$ immer die positive Maßzahl der Fläche berechnen.

Öffnung der Parabeln:
Das Vorzeichen des Faktors, der bei x^2 steht, also $\frac{a-1}{a^2}$, bestimmt die Öffnung der

Parabel. Da a^2 (im Nenner) immer positiv ist, wird das Vorzeichen durch den Term $a-1$ (im Zähler) festgelegt.
Für $a-1>0$, also für $a>1$, sind die zugehörigen Parabeln nach oben geöffnet und die in der Aufgabe beschriebene Fläche liegt im IV. Quadranten unterhalb der x-Achse.
Für $a-1<0$ und $a \in \mathbb{R}^+$, also für $0<a<1$, sind die zugehörigen Parabeln nach unten geöffnet und die zugehörige Fläche liegt jetzt im I. Quadranten oberhalb der x-Achse.

Unter Beachtung des Faktors $\frac{a-1}{a^2}$ bei x^2 können wir mithilfe der Nullstellen $x=0$ und $x=a$ für den Term $f_a(x)$ die Zerlegung in Linearfaktoren angeben:

$$f_a(x) = \frac{a-1}{a^2} \cdot x \cdot (x-a) \text{ oder } f_a(x) = \frac{a-1}{a^2} \cdot (x^2 - ax)$$

Flächenberechnungen; Fall: $a>1$

$$A(a) = \int_0^a (\text{OK} - \text{UK})\,dx = \int_0^a \left(0 - \frac{a-1}{a^2}(x^2-ax)\right) dx = \int_0^a \frac{1-a}{a^2}(x^2-ax)\,dx =$$

$$= \frac{1-a}{a^2} \cdot \int_0^a (x^2-ax)\,dx = \frac{1-a}{a^2} \cdot \left[\frac{x^3}{3} - \frac{ax^2}{2}\right]_0^a =$$

$$= \frac{1-a}{a^2} \cdot \left(\frac{a^3}{3} - \frac{a^3}{2} - 0\right) = \frac{1-a}{a^2} \cdot \frac{-a^3}{6} = \frac{(a-1)\,a}{6} = \frac{a^2-a}{6}$$

$$A(a) = \frac{1}{6} \cdot (a^2-a), \text{ wenn } a>1$$

Fall: $0<a<1$

$$A(a) = \int_0^a (\text{OK} - \text{UK})\,dx = \int_0^a \frac{a-1}{a^2}(x^2-ax)\,dx = \frac{a-1}{a^2} \cdot \left[\frac{x^3}{3} - \frac{ax^2}{2}\right]_0^a =$$

$$= \frac{a-1}{a^2} \cdot \left(\frac{a^3}{3} - \frac{a^3}{2} - 0\right) = \frac{a-1}{a^2} \cdot \frac{-a^3}{6} = \frac{-a^2+a}{6}$$

$$A(a) = \frac{1}{6} \cdot (-a^2+a), \text{ wenn } 0<a<1$$

25.2 Extremwert von $A(a)$ untersuchen:

Fall: $a>1$: $A(a) = \frac{1}{6}(a^2-a)$; $A'(a) = \frac{1}{6}(2a-1)$; $A''(a) = \frac{2}{6} = \frac{1}{3} > 0$

$$A'(a) = 0 \;\Rightarrow\; \frac{1}{6}(2a-1) = 0 \;\Rightarrow\; 2a-1=0 \;\Rightarrow\; a = \frac{1}{2}$$

Da $a = \frac{1}{2}$ die Bedingung $a>1$ nicht erfüllt, hat die Maßzahl $A(a)$ für $a>1$ keinen Extremwert.

Fall: $0<a<1$: $A(a) = \frac{1}{6}(-a^2+a)$; $A'(a) = \frac{1}{6}(-2a+1)$; $A''(a) = -\frac{2}{6} = -\frac{1}{3} < 0$

$$A'(a) = 0 \;\Rightarrow\; \frac{1}{6}(-2a+1) = 0 \;\Rightarrow\; -2a+1=0 \;\Rightarrow\; a = \frac{1}{2}$$

Aus $A'\left(\frac{1}{2}\right) = 0$ und $A''\left(\frac{1}{2}\right) = -\frac{1}{3} < 0$ folgt nun, dass die Maßzahl

$A\left(\frac{1}{2}\right) = \frac{1}{6}\left(-\frac{1}{4} + \frac{1}{2}\right) = \frac{1}{6} \cdot \frac{1}{4} = \frac{1}{24}$ ein Maximum ist.

Aufgabe 26
S. 80

$f(x) = x^2 + 2x - 3;\ y = x + 3$

Nullstellen von f:

$$f(x) = 0 \ \Rightarrow\ x^2 + 2x - 3 = 0$$
$$\Rightarrow\ (x-1)(x+3) = 0$$
$$\Rightarrow\ x = 1 \text{ oder } x = -3$$

Figur 66

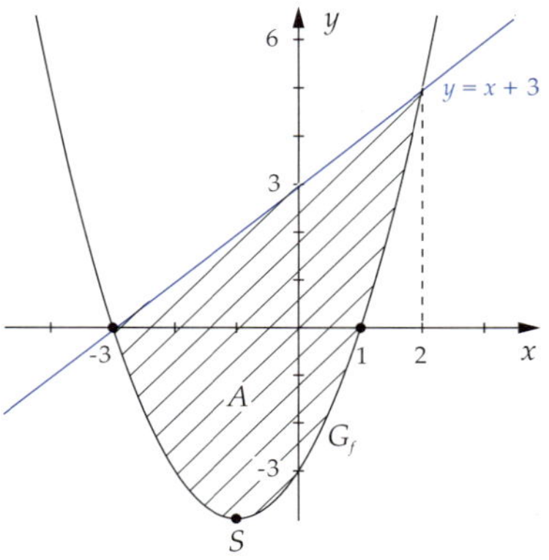

Scheitel der Parabel:

$f'(x) = 2x + 2$
$f'(x) = 0 \ \Rightarrow\ 2x + 2 = 0 \ \Rightarrow\ x = -1$
Mit $f(-1) = -4$ lautet der Scheitel $S(-1; -4)$.

Schnittstellen von Parabel und Gerade:

$$x^2 + 2x - 3 = x + 3 \ \Rightarrow\ x^2 + x - 6 = 0$$
$$\Rightarrow\ x = -3 \text{ oder } x = 2$$

Aus der Figur 66 folgt, dass wir die positive Maßzahl A der schraffierten Fläche erhalten, wenn wir von $x = -3$ bis $x = 2$ über $\text{OK} - \text{UK} = y - f(x)$ integrieren:

$$A = \int_{-3}^{2} (y - f(x))\,dx = \int_{-3}^{2} (x + 3 - (x^2 + 2x - 3))\,dx = \int_{-3}^{2} (-x^2 - x + 6)\,dx =$$
$$= \left[-\frac{x^3}{3} - \frac{x^2}{2} + 6x\right]_{-3}^{2} = -\frac{8}{3} - 2 + 12 - \left(9 - \frac{9}{2} - 18\right) = \frac{125}{6}$$
$$A = \frac{125}{6}$$

Aufgabe 27
S. 80

$f(x) = x^2 + 1;\quad g(x) = 3x + 1$

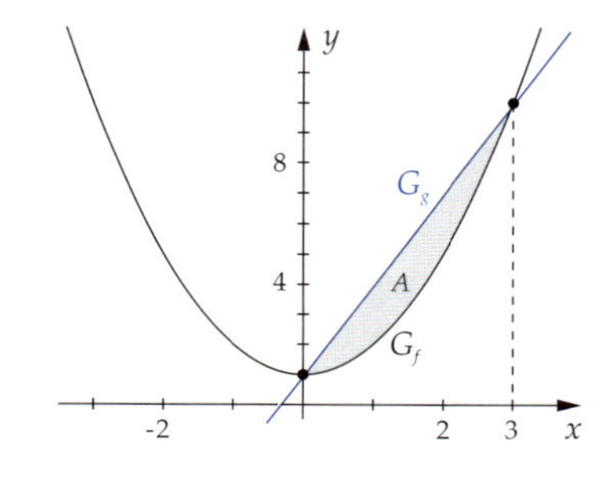

Schnitt der Graphen:
$f(x) = g(x) \ \Rightarrow\ x^2 + 1 = 3x + 1 \ \Rightarrow\ x^2 - 3x = 0$
$\Rightarrow\ x(x-3) = 0 \ \Rightarrow\ x = 0 \text{ oder } x = 3$

Figur 67

In der Figur 67 sehen wir, dass für $0 < x < 3$ der Graph von g über dem Graphen von f liegt. Wir erhalten daher die positive Maßzahl A der grauen Fläche, wenn wir von $x = 0$ bis $x = 3$ über $\text{OK} - \text{UK} = g(x) - f(x)$ integrieren:

$$A = \int_{0}^{3} (\text{OK} - \text{UK})\,dx = \int_{0}^{3} (3x + 1 - (x^2 + 1))\,dx = \int_{0}^{3} (-x^2 + 3x)\,dx =$$
$$= \left[-\frac{x^3}{3} + \frac{3x^2}{2}\right]_{0}^{3} = -9 + \frac{27}{2} - 0 = \frac{-18 + 27}{2} = \frac{9}{2}$$
$$A = \frac{9}{2}$$

Aufgabe 28
S. 80

28.1 $f(x) = x^3 - 3x$

Symmetrie: $f(-x) = (-x)^3 + 3(-x) = -x^3 + 3x = -f(x)$
Aus $f(-x) = -f(x)$ für alle x aus $D_f = \mathbb{R}$ folgt die Punktsymmetrie des Graphen von f zum Ursprung $O(0; 0)$.

Nullstellen von f: $f(x) = 0 \Rightarrow x^3 - 3x = 0 \Rightarrow x(x^2 - 3) = 0$

$$\Rightarrow \begin{cases} x = 0 \\ x^2 = 3 \Rightarrow |x| = \sqrt{3} \Rightarrow x = \sqrt{3} \text{ oder } x = -\sqrt{3} \end{cases}$$

Extrempunkte:

$f'(x) = 3x^2 - 3 = 3(x^2 - 1) = 3(x-1)(x+1), \quad D_{f'} = \mathbb{R}$

$f''(x) = 6x, \quad D_{f''} = \mathbb{R}; \qquad f'''(x) = 6, \quad D_{f'''} = \mathbb{R}$

$f'(x) = 0 \Rightarrow x = 1$ oder $x = -1$

Aus $f'(1) = 0$ und $f''(1) = 6 > 0$ und $f(1) = 1^3 - 3 = -2$ erhält man den lokalen Tiefpunkt $B(1; -2)$ des Graphen von f.

Punktsymmetrie $\Rightarrow$ Hochpunkt $H(-1; 2)$

Wendepunkt: $f''(x) = 0 \Rightarrow x = 0$

Aus $f''(0) = 0$ und $f'''(0) = 6 \neq 0$ folgt zusammen mit $f(0) = 0$ der Wendepunkt $W(0; 0)$ des Graphen von f.

$$g(x) = \frac{1}{2}x^2 - x - \frac{3}{2}$$

Nullstellen von g:

$g(x) = 0 \Rightarrow \frac{1}{2}x^2 - x - \frac{3}{2} = 0 \Rightarrow x^2 - 2x - 3 = 0 \Rightarrow (x-3)(x+1) = 0$

$\Rightarrow x = 3$ oder $x = -1$ sind jeweils Schnittstellen mit der x-Achse.

$g'(x) = x - 1; \quad g''(x) = 1$

$g'(x) = 0 \Rightarrow x - 1 = 0 \Rightarrow x = 1$

Aus $g'(1) = 0$ und $g''(1) = 1 > 0$ folgt zusammen mit $g(1) = -2$ der lokale Tiefpunkt $B(1; -2)$ des Graphen von g (= Scheitel der Parabel).

In der Figur 68 ist der Verlauf der Graphen von f und g eingezeichnet.

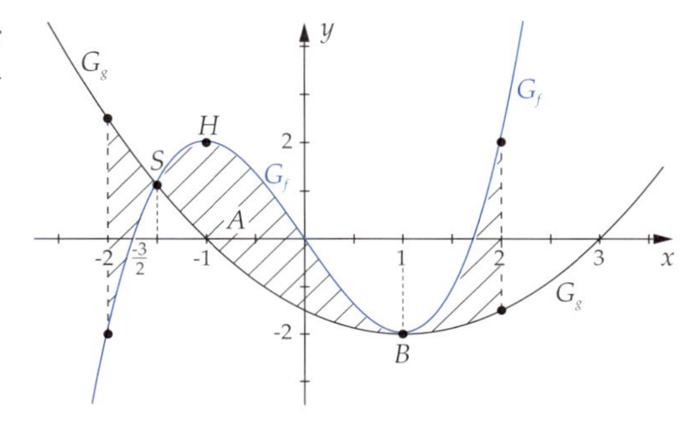

Figur 68

28.2 Gemeinsame Punkte der Graphen von f und g:

$$f(x) = g(x) \Rightarrow x^3 - 3x = \frac{1}{2} \cdot (x^2 - 2x - 3) \quad | \cdot 2$$
$$2x^3 - 6x = x^2 - 2x - 3$$
$$2x^3 - x^2 - 4x + 3 = 0$$

Diese Gleichung dritten Grades können wir nur dann in Linearfaktoren zerlegen, wenn wir durch Probieren eine Nullstelle finden. Infrage kommen bis auf das Vorzeichen die Teiler des absoluten Gliedes der obigen Gleichung, also die Teiler von 3.

Wir finden: $x = 1$ ist eine Nullstelle.

Aufgabe 28
S. 80
Fortsetzung

Durch Polynomdivision oder Anwendung des HORNER-Schemas folgt:

$$2x^3 - x^2 - 4x + 3 = 2\left(x + \frac{3}{2}\right) \cdot (x-1)^2$$

Die Gleichung $f(x) = g(x)$ ist also erfüllt für $x = -\frac{3}{2}$ oder $x = 1$.

Mit $f\left(-\frac{3}{2}\right) = g\left(-\frac{3}{2}\right) = \frac{9}{8}$ und $f(1) = g(1) = -2$ erhalten wir die gemeinsamen Punkte $S\left(-\frac{3}{2}; \frac{9}{8}\right)$ und $B(1; -2)$ der Graphen von f und g.

7

Für den Nachweis, ob ein gemeinsamer Punkt zweier Graphen G_f und G_g ein Schnitt- oder ein Berührpunkt ist, bilden wir die neue Funktion $D(x) = f(x) - g(x)$.

In der Aufgabe gilt: $D(x) = 2x^3 - x^2 - 4x + 3 = 2 \cdot \left(x + \frac{3}{2}\right) \cdot (x-1)^2$

Aus der Art der Nullstellen von $D(x)$ können wir dann erschließen, ob sich die Graphen G_f und G_g schneiden oder berühren. Es gilt:

- Eine Nullstelle von $D(x)$ mit Zeichenwechsel (= Schnittstelle) liefert eine Schnittstelle der Graphen G_f und G_g.
- Eine Nullstelle von $D(x)$ ohne Zeichenwechsel (= Berührstelle) liefert eine Berührstelle der Graphen G_f und G_g.
  (Zur Begründung dieser Aussagen vergleichen Sie die Lösung zur Aufgabe 30.)

Für die Teilaufgabe 28.2 gilt:

- $x = -\frac{3}{2}$ ist eine Schnittstelle von $D(x)$
  $\Rightarrow$ die Graphen der Funktionen f und g schneiden sich im Punkt $S\left(-\frac{3}{2}; \frac{9}{8}\right)$.
- $x = 1$ ist eine Berührstelle von $D(x)$
  $\Rightarrow$ die Graphen der Funktionen f und g berühren sich im Punkt $B(1; -2)$.

28.3 Da S eine Schnittstelle und B eine Berührstelle der Graphen von f und g ist, genügt es nachzuweisen, dass an einer Stelle $x > -\frac{3}{2}$ der Graph von f über dem Graphen von g liegt. Verwenden Sie dazu zum Beispiel $f(0) = 0$ und $g(0) = -\frac{3}{2}$.

28.4 Flächenberechnung:
In der Figur 68 von Teilaufgabe 28.1 ist die Maßzahl A der schraffierten Fläche gesucht. Wir müssen dabei das Intervall $[-2; 2]$ so in zwei Teilintervalle aufteilen, dass in jedem der Teilintervalle jeweils eindeutig eine obere und eine untere Berandungskurve der Flächenteile vorhanden ist.

$$A = \int_{-2}^{-\frac{3}{2}} (g(x) - f(x))\,dx + \int_{-\frac{3}{2}}^{2} (f(x) - g(x))\,dx =$$

$$= \int_{-2}^{-\frac{3}{2}} \left(-x^3 + \frac{1}{2}x^2 + 2x - \frac{3}{2}\right) dx + \int_{-\frac{3}{2}}^{2} \left(x^3 - \frac{1}{2}x^2 - 2x + \frac{3}{2}\right) dx =$$

$$= \left[-\frac{x^4}{4} + \frac{x^3}{6} + x^2 - \frac{3x}{2}\right]_{-2}^{-\frac{3}{2}} + \left[\frac{x^4}{4} - \frac{x^3}{6} - x^2 + \frac{3x}{2}\right]_{-\frac{3}{2}}^{2} =$$

$$= \frac{193}{192} + \frac{833}{192} = \frac{1026}{192} = \frac{513}{96} = \frac{171}{32}$$

29.1 $f(x) = -x^2 + 5;\quad g(x) = \frac{1}{2}x^2 - 3x + \frac{1}{2}$

Aufgabe 29
S. 81

Der Graph von f ist wegen des negativen Faktors bei x^2 eine nach unten geöffnete Parabel. Der Graph von g ist eine nach oben geöffnete Parabel.

Schnittpunkte der Graphen:

$$f(x) = g(x) \quad\Rightarrow\quad -x^2 + 5 = \frac{1}{2}\cdot(x^2 - 6x + 1) \quad |\cdot 2$$

$$-2x^2 + 10 = x^2 - 6x + 1$$

$$-3x^2 + 6x + 9 = 0 \quad |:(-3)$$

$$x^2 - 2x - 3 = 0 \quad\Rightarrow\quad x = 3 \text{ oder } x = -1$$

Mit $f(3) = g(3) = -4$ und $f(-1) = g(-1) = 4$ erhalten wir dann die gemeinsamen Punkte $S_1(3; -4)$ und $S_2(-1; 4)$ der beiden Graphen.

29.2 Da die Graphen der Funktionen f und g in $-1 < x < 3$ *keine* weiteren gemeinsamen Punkte haben, wählen wir in diesem Intervall die Teststelle $x = 0$ und vergleichen die Funktionswerte $f(0) = 5$ und $g(0) = \frac{1}{2}$. Aus $f(0) > g(0)$ folgt nun, dass im obigen Intervall der Graph von f über dem Graphen von g liegt.

Der Verlauf der beiden Graphen ist in der Figur 69 zu sehen.

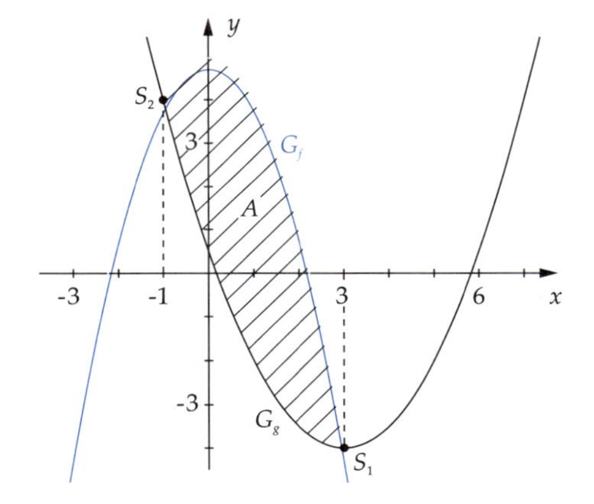

Figur 69

29.3 Die Maßzahl der in Figur 69 schraffierten Fläche ist zu berechnen. Die Integrationsgrenzen sind $x = -1$ und $x = 3$.
Im Intervall $-1 < x < 3$ ist $\text{OK} = f(x)$ und $\text{UK} = g(x)$.

$$A = \int_{-1}^{3} (\text{OK} - \text{UK})\,dx = \int_{-1}^{3} (f(x) - g(x))\,dx = \int_{-1}^{3}\left(-x^2 + 5 - \left(\frac{x^2}{2} - 3x + \frac{1}{2}\right)\right)dx =$$

$$= \int_{-1}^{3}\left(-\frac{3x^2}{2} + 3x + \frac{9}{2}\right)dx = \left[-\frac{x^3}{2} + \frac{3x^2}{2} + \frac{9x}{2}\right]_{-1}^{3} =$$

$$= -\frac{27}{2} + \frac{27}{2} + \frac{27}{2} - \left(\frac{1}{2} + \frac{3}{2} - \frac{9}{2}\right) = \frac{27}{2} - \left(-\frac{5}{2}\right) = \frac{27+5}{2} = \frac{32}{2} = 16$$

$A = 16$

$f(x) = x^3 - 7x^2 + 7x + 15;\quad g(x) = x^2 - 4x - 5;\ D_f = D_g = \mathbb{R}$

Aufgabe 30
S. 81

Wir wollen hier eine Methode besprechen, mit der man einfach untersuchen kann, ob die gemeinsamen Punkte von zwei Graphen Schnitt- oder Berührpunkte sind.
Die x-Werte der gemeinsamen Punkte der Graphen von f und g genügen der Gleichung $f(x) = g(x)$ bzw. $f(x) - g(x) = 0$.

7

Aufgabe 30
S. 81
Fortsetzung

Betrachten wir die neue Funktion $D(x) = f(x) - g(x)$, dann sind die Nullstellen von D mit Zeichenwechsel die Schnittstellen der Graphen und die Nullstellen von D ohne Zeichenwechsel die Berührstellen der Graphen. Begründung: Ist x_0 eine Nullstelle von D mit Zeichenwechsel, dann gilt für $x_1 < x_0 < x_2$ und $D(x_1) < 0$:

$$D(x_1) < 0 \quad \Rightarrow \quad f(x_1) - g(x_1) < 0 \quad \Rightarrow \quad f(x_1) < g(x_1)$$
$$D(x_0) = 0 \quad \Rightarrow \quad f(x_0) - g(x_0) = 0 \quad \Rightarrow \quad f(x_0) = g(x_0)$$
$$D(x_2) > 0 \quad \Rightarrow \quad f(x_2) - g(x_2) > 0 \quad \Rightarrow \quad f(x_2) > g(x_2)$$

Das heißt aber, dass für $x = x_1$, also links von x_0, der Graph von f unter dem Graphen von g liegt. Für $x = x_2$, also rechts von x_0, liegt der Graph von f über dem Graphen von g. Der gemeinsame Punkt $S(x_0; f(x_0)) = S(x_0; g(x_0))$ ist daher ein Schnittpunkt der beiden Graphen.
Dasselbe Ergebnis erhält man auch, wenn man von $D(x_1) > 0$ ausgeht.

Für eine Nullstelle x_0 *ohne* Zeichenwechsel ergibt sich analog eine Berührstelle der beiden Graphen.

Gemeinsame Punkte der Graphen von f und g: $D(x) = f(x) - g(x) = x^3 - 8x^2 + 11x + 20$

$D(x) = 0$ wird von $x = -1$ erfüllt. Polynomdivision oder das HORNER-Schema liefern dann: $D(x) = (x + 1)(x - 4)(x - 5)$

$D(x) = 0 \quad \Rightarrow \quad x = -1$ oder $x = 4$ oder $x = 5$, jeweils Nullstelle von $D(x)$ *ohne* Zeichenwechsel. Die Graphen der Funktionen f und g schneiden sich daher in den Punkten $S_1(-1; 0)$, $S_2(4; -5)$ und $S_3(5; 0)$.

Figur 70

Die Figur 70 zeigt den Verlauf der Graphen dieser Funktionen.

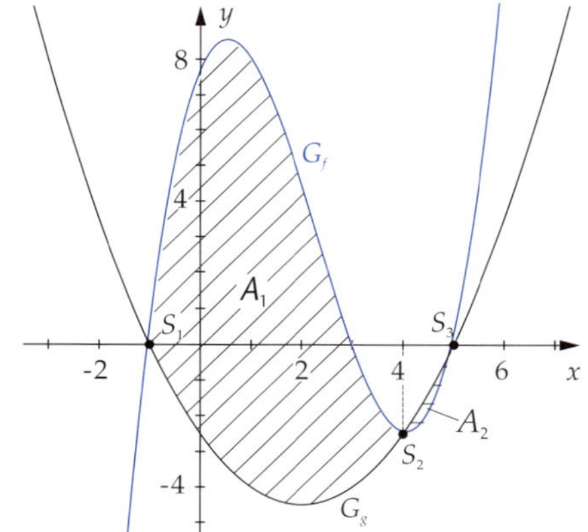

Im Intervall $-1 < x < 4$ liegt der Graph von f *über* dem Graphen von g, da $f(0) = 15$ und $g(0) = -5$ gilt. Im Intervall $4 < x < 5$ muss der Graph von f *unter* dem Graphen von g liegen, da $S_2(4; -5)$ eine Schnittstelle der beiden Graphen ist.

Flächenberechnungen:

$$A_1 = \int_{-1}^{4} (f(x) - g(x))\,dx =$$
$$= \int_{-1}^{4} (x^3 - 8x^2 + 11x + 20)\,dx =$$
$$\left[\frac{x^4}{4} - \frac{8x^3}{3} + \frac{11x^2}{2} + 20x\right]_{-1}^{4} = 64 - \frac{512}{3} + 88 + 80 - \left(\frac{1}{4} + \frac{8}{3} + \frac{11}{2} - 20\right) = \frac{875}{12}$$

$$A_2 = \int_{4}^{5} (g(x) - f(x))\,dx = -\int_{4}^{5} (f(x) - g(x))\,dx = -\left[\frac{x^4}{4} - \frac{8x^3}{3} + \frac{11x^2}{2} + 20x\right]_{4}^{5} = \frac{11}{12}$$

Aufgabe 31
S. 81

31.1 $\quad g(x) = \frac{1}{4}x^2 - x; \quad h(x) = \frac{1}{4}x^3 - 4x$

Der Graph der Funktion h liegt punktsymmetrisch zum Ursprung $O(0; 0)$, da nur ungerade Potenzen von x auftreten.

Gemeinsame Punkte der Graphen von g und h:

$D(x) = g(x) - h(x) = -\frac{1}{4}x^3 + \frac{1}{4}x^2 + 3x =$

$= -\frac{1}{4} \cdot x \cdot (x^2 - x - 12) =$

$= -\frac{1}{4} \cdot x \cdot (x-4) \cdot (x+3)$

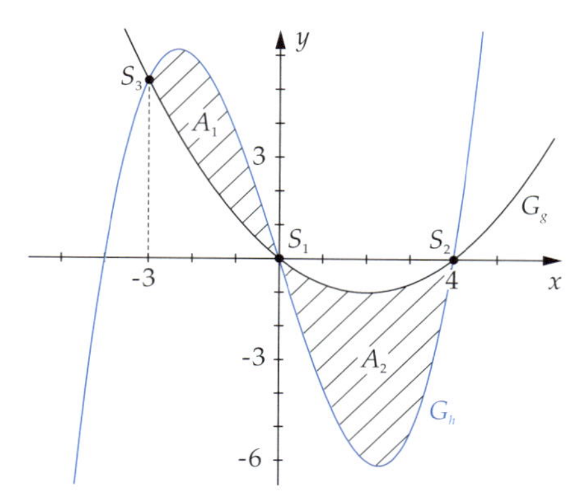

Figur 71

$D(x) = 0 \Rightarrow x = 0$ oder $x = 4$ oder $x = -3$, jeweils Nullstellen von $D(x)$ mit Zeichenwechsel. Die Graphen der Funktionen g und h schneiden sich daher in den Punkten $S_1(0; 0)$, $S_2(4; 0)$ und $S_3\left(-3; \frac{21}{4}\right)$.

(Vergleichen Sie dazu die Ausführungen in der Lösung zur Aufgabe 30.)

Der Verlauf der Graphen von g und h ist in Figur 71 zu sehen.

31.2 Flächenberechnungen:
Für die Berechnung der Maßzahl A_1 integrieren wir von $x = -3$ bis $x = 0$ und beachten, dass in diesem Intervall $\text{OK} = h(x)$ und $\text{UK} = g(x)$ gilt.

$$A_1 = \int_{-3}^{0} (\text{OK} - \text{UK})\,dx = \int_{-3}^{0} (h(x) - g(x))\,dx = \int_{-3}^{0} \left(\frac{x^3}{4} - 4x - \left(\frac{x^2}{4} - x\right)\right) dx =$$

$$\int_{-3}^{0} \left(\frac{x^3}{4} - \frac{x^2}{4} - 3x\right) dx = \left[\frac{x^4}{16} - \frac{x^3}{12} - \frac{3x^2}{2}\right]_{-3}^{0} = 0 - \left(\frac{81}{16} + \frac{27}{12} - \frac{27}{2}\right) =$$

$$= \frac{-81 - 36 + 216}{16} = \frac{99}{16}$$

$$A_1 = \frac{99}{16}$$

Wir erhalten die Maßzahl A_2, wenn wir von $x = 0$ bis $x = 4$ integrieren und beachten, dass in diesem Intervall $\text{OK} = g(x)$ und $\text{UK} = h(x)$ gilt.

$$A_2 = \int_{0}^{4} (\text{OK} - \text{UK})\,dx = \int_{0}^{4} (g(x) - h(x))\,dx = -\int_{0}^{4} (h(x) - g(x))\,dx =$$

$$= -\left[\frac{x^4}{16} - \frac{x^3}{12} - \frac{3x^2}{2}\right]_{0}^{4} = -\left(16 - \frac{64}{12} - 24 - 0\right) = 8 + \frac{16}{3} = \frac{40}{3}$$

$$A_2 = \frac{40}{3}$$

32.1 $g(x) = \frac{5}{4}x^2 + 2x - 3;\quad h(x) = \frac{1}{4}x^3$

Aufgabe 32
S. 81

Gemeinsame Punkte der Graphen:

$$D(x) = g(x) - h(x) = \frac{5}{4}x^2 + 2x - 3 - \frac{1}{4}x^3 = -\frac{1}{4}(x^3 - 5x^2 - 8x + 12)$$

Durch Probieren: $x = 1$ ist Nullstelle von $D(x)$.
Mit $(x^3 - 5x^2 - 8x + 12) : (x - 1) = x^2 - 4x - 12 = (x - 6)(x + 2)$ erhalten wir für $D(x)$ die Zerlegung:

Aufgabe 32
S. 81
Fortsetzung

$D(x) = -\frac{1}{4}(x-1)(x-6)(x+2)$

$D(x) = 0$: $x = 1$ oder $x = 6$ oder $x = -2$, jeweils Nullstelle von $D(x)$ mit Zeichenwechsel $\Rightarrow$ die Graphen der Funktionen g und h haben die Schnittpunkte $S_1(-2; -2)$, $S_2\left(1; \frac{1}{4}\right)$ und $S_3(6; 54)$.

Figur 72

(Vergleichen Sie in der Lösung der Aufgabe 30 die Begründung dafür, dass die einfachen Nullstellen von $g(x) - h(x)$ die Schnittstellen der Graphen sind.)

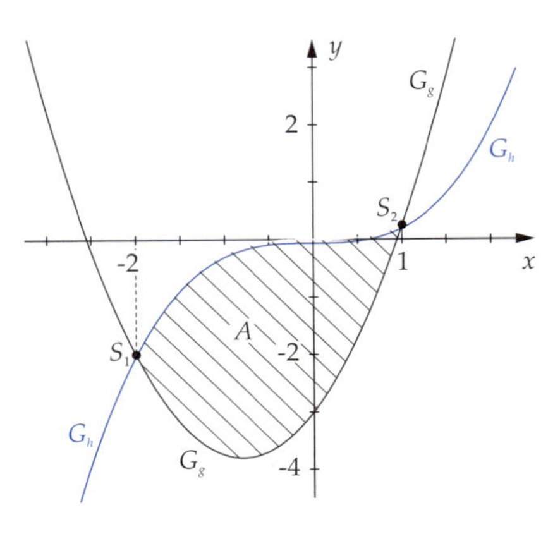

In der Figur 72 sehen Sie den Verlauf der Graphen der Funktionen g und h.

32.2 Im angegebenen Bereich $-3 \leqq x \leqq 2$ liegt das in der Figur 72 schraffierte Flächenstück, dessen positive Maßzahl A zu berechnen ist. Wir integrieren dazu von $x = -2$ bis $x = 1$ und beachten in diesem Intervall $\text{OK} - \text{UK} = h(x) - g(x)$.

$$A = \int_{-2}^{1} (\text{OK} - \text{UK})\,dx = \int_{-2}^{1} (h(x) - g(x))\,dx = \int_{-2}^{1} \left(\frac{x^3}{4} - \frac{5x^2}{4} - 2x + 3\right) dx =$$

$$= \left[\frac{x^4}{16} - \frac{5x^3}{12} - x^2 + 3x\right]_{-2}^{1} = \frac{1}{16} - \frac{5}{12} - 1 + 3 - \left(1 + \frac{10}{3} - 4 - 6\right) =$$

$$= \frac{1}{16} - \frac{5}{12} + 2 + 9 - \frac{10}{3} = \frac{3 - 20 + 528 - 160}{48} = \frac{351}{48} = \frac{117}{16}$$

$$A = \frac{117}{16}$$

Aufgabe 33
S. 81

$g(x) = 3x^2 - 12 = 3(x^2 - 4) = 3(x+2)(x-2)$
$f(x) = -x^4 + 8x^2 - 16 = -(x^2 - 4)^2 = -(x+2)^2 \cdot (x-2)^2$

Da in den Termen $g(x)$ und $f(x)$ nur gerade Hochzahlen bei den Potenzen von x auftreten, liegen die Graphen dieser Funktionen jeweils symmetrisch zur y-Achse.

Nullstellen der Funktionen g und f:
$g(x) = 0 \quad \Rightarrow \quad 3(x+2)(x-2) = 0 \quad \Rightarrow \quad x = -2$ oder $x = 2$
Beide Nullstellen sind von *ungerader* Ordnung $\Rightarrow$ Schnittstellen des Graphen von g mit der x-Achse.

$f(x) = 0 \quad \Rightarrow \quad -(x+2)^2 \cdot (x-2)^2 = 0 \quad \Rightarrow \quad x = -2$ oder $x = 2$
Beide Nullstellen von f sind von *gerader* Ordnung $\Rightarrow$ Berührstellen des Graphen von f mit der x-Achse.

Gemeinsame Punkte der Graphen:
$D(x) = g(x) - f(x) = 3x^2 - 12 - (-x^4 + 8x^2 - 16) = x^4 - 5x^2 + 4$

$D(x) = 0 \quad \Rightarrow \quad x^4 - 5x^2 + 4 = 0$

Diese biquadratische Gleichung geht durch die Substitution $x^2 = z$ in eine quadratische Gleichung in der Variablen z über: $z^2 - 5z + 4 = 0 \quad \Rightarrow \quad z = 4$ oder $z = 1$

Substitution rückgängig machen:

$x^2 = 4$	oder	$x^2 = 1$
$\lvert x \rvert = 2$	oder	$\lvert x \rvert = 1$
$x = 2$ oder $x = -2$	oder	$x = 1$ oder $x = -1$

Da alle Nullstellen von $D(x) = g(x) - f(x)$ jeweils Vorzeichenwechsel haben, schneiden sich die Graphen der Funktionen g und f in den folgenden vier Punkten: $S_1(-2; 0)$, $S_2(-1; -9)$, $S_3(1; -9)$, $S_4(2; 0)$.

Den Verlauf der Graphen der Funktionen g und f sehen Sie in der Figur 73.

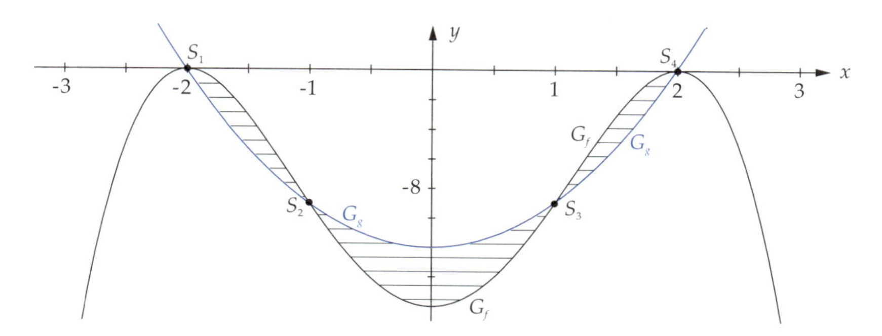

Figur 73

Flächenberechnung:
Für die Maßzahl A der gesamten in Figur 73 schraffierten Fläche gilt wegen der achsensymmetrischen Lage der Teilfächen:

$$A = 2 \cdot \int_0^1 (g(x) - f(x))\,dx + 2 \cdot \int_1^2 (f(x) - g(x))\,dx$$

Nebenrechnungen:

$$\int_0^1 (g(x) - f(x))\,dx = \int_0^1 (3x^2 - 12 - (-x^4 + 8x^2 - 16))\,dx = \int_0^1 (x^4 - 5x^2 + 4)\,dx =$$

$$= \left[\frac{x^5}{5} - \frac{5x^3}{3} + 4x\right]_0^1 = \frac{1}{5} - \frac{5}{3} + 4 - 0 = \frac{38}{15}$$

$$\int_1^2 (f(x) - g(x))\,dx = \int_1^2 (-x^4 + 8x^2 - 16 - (3x^2 - 12))\,dx = \int_1^2 (-x^4 + 5x^2 - 4)\,dx =$$

$$= \left[\frac{-x^5}{5} - \frac{5x^3}{3} - 4x\right]_1^2 = -\frac{32}{5} + \frac{40}{3} - 8 - \left(-\frac{1}{5} + \frac{5}{3} - 4\right) = \frac{22}{15}$$

Mit den Ergebnissen der obigen Nebenrechnungen erhalten wir nun für die Maßzahl A der gesamten Fläche:

$$A = 2 \cdot \frac{38}{15} + 2 \cdot \frac{22}{15} = \frac{76 + 44}{15} = \frac{120}{15} = 8$$

Aufgabe 34
S. 81

$$f(x) = \frac{1}{8}x^3 - \frac{3}{2}x^2 + 4x; \quad g(x) = -\frac{1}{2}x^2 + 4x$$

Gemeinsame Punkte der Graphen von f und g:

$$D(x) = f(x) - g(x) = \frac{1}{8}x^3 - \frac{3}{2}x^2 + 4x - \left(-\frac{1}{2}x^2 + 4x\right) = \frac{1}{8}x^3 - x^2 = \frac{1}{8} \cdot x^2 \cdot (x - 8)$$

$$D(x) = 0 \quad \Rightarrow \quad x = 0 \text{ oder } x = 8$$

Da $x = 0$ eine doppelte Nullstelle von $D(x)$ ist, berühren sich die Graphen der Funktionen f und g im Punkt $P(0; 0)$.
Da $x = 8$ eine einfache Nullstelle von $D(x)$ ist, schneiden sich die beiden Graphen von f und g im Punkt $Q(8; 0)$.
(Vergleichen Sie dazu die Ausführungen zur Lösung der Aufgabe 30.)

Figur 74 Zwischen den Stellen $x = 0$ und $x = 8$ liegen keine weiteren gemeinsamen Punkte der beiden Graphen. Wir können also die gegenseitige Lage der beiden Graphen angeben, wenn wir an einer geeigneten Teststelle, etwa $x = 2$, die Funktionswerte $f(2) = 3$ und $g(2) = 6$ berechnen.
Aus $f(2) < g(2)$ folgt dann, dass im Intervall $0 < x < 8$ der Graph von g über dem Graphen von f liegt, wie Figur 74 zeigt.

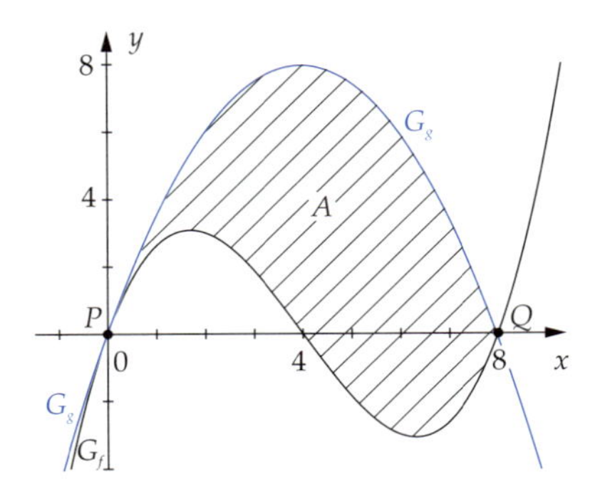

7

Flächenberechnung:

$$A = \int_0^8 (\text{OK} - \text{UK})\,\mathrm{d}x = \int_0^8 (g(x) - f(x))\,\mathrm{d}x = \int_0^8 \left(-\frac{x^2}{2} + 4x - \left(\frac{x^3}{8} - \frac{3}{2}x^2 + 4x\right)\right)\mathrm{d}x =$$

$$= \int_0^8 \left(-\frac{x^3}{8} + x^2\right)\mathrm{d}x = \left[-\frac{x^4}{32} + \frac{x^3}{3}\right]_0^8 = -128 + \frac{512}{3} - 0 = \frac{128}{3}$$

$$A = \frac{128}{3}$$

Aufgabe 35
S. 82

35.1 Zu zeigen ist: $F'(x) = f(x) = \ln(2x+4)$

$F(x) = (x+2) \cdot (\ln(2x+4) - 1)$

Wir bilden die Ableitung $F'(x)$ nach der Produktregel in Verbindung mit der Kettenregel:

$$F'(x) = 1 \cdot (\ln(2x+4) - 1) + (x+2) \cdot \frac{1}{2x+4} \cdot 2 = \ln(2x+4) - 1 + \frac{(x+2) \cdot 2}{2 \cdot (x+2)} =$$

$$= \ln(2x+4) - 1 + 1 = \ln(2x+4) = f(x)$$

Schnitt des Graphen von f mit der x-Achse:

$$f(x) = 0 \quad \Rightarrow \quad \ln(2x+4) = 0 \quad \Rightarrow \quad 2x + 4 = 1 \quad \Rightarrow \quad 2x = -3 \quad \Rightarrow \quad x = -\frac{3}{2}$$

35.2

Die Integrationsgrenzen sind $x = -\frac{3}{2}$ und $x = 0$. Zur Berechnung der positiven Maßzahl A der Fläche beachten wir im Integrationsintervall $\text{OK} = f(x)$ und $\text{UK} = 0$.

$$A = \int_{-\frac{3}{2}}^{0} (\text{OK} - \text{UK})\,\mathrm{d}x = \int_{-\frac{3}{2}}^{0} f(x)\,\mathrm{d}x = \Big[F(x)\Big]_{-\frac{3}{2}}^{0} = F(0) - F\left(-\frac{3}{2}\right) =$$

$$= 2 \cdot (\ln(0+4) - 1) - \left(-\frac{3}{2} + 2\right) \cdot \left(\ln\left(-\frac{3}{2} \cdot 2 + 4\right) - 1\right) =$$

$$= 2 \cdot \ln 4 - 2 - \frac{1}{2} \cdot (\ln 1 - 1) = 2 \cdot \ln 4 - 2 + \frac{1}{2} = \ln 16 - \frac{3}{2} \approx 1{,}27$$

$$A = \ln 16 - \frac{3}{2}$$

Beachten Sie in der obigen Rechnung: $\ln 1 = 0$ und $2 \cdot \ln 4 = \ln 4^2 = \ln 16$

Aufgabe 36
S. 82

Wir zerlegen in Figur 31 die schraffierte Fläche in zwei Anteile:

A_1 liegt zwischen den Geraden $x = 1$ und $x = 4$ und wird oben von der Geraden $y = -2$ und unten vom Graphen der Funktion g begrenzt.

A_2 liegt zwischen den Geraden $x = 1$ und $x = 4$ und wird oben vom Graphen von g und unten vom Graphen von f begrenzt.

Gesucht ist also das Verhältnis $A_1 : A_2$.

$$A_1 = \int_1^4 (\text{OK} - \text{UK})\,dx = \int_1^4 (-2 - g(x))\,dx = \int_1^4 \left(-2 - \left(\frac{4}{x^2} - \frac{4}{x} - 2\right)\right) dx =$$
$$= \int_1^4 \left(-2 - 4x^{-2} + \frac{4}{x} + 2\right) dx = \int_1^4 \left(-4x^{-2} + \frac{4}{x}\right) dx = \left[\frac{-4x^{-1}}{-1} + 4 \cdot \ln|x|\right]_1^4 =$$
$$= \left[\frac{4}{x} + 4 \cdot \ln|x|\right]_1^4 = \frac{4}{4} + 4 \cdot \ln 4 - \left(\frac{4}{1} + 4 \cdot \ln 1\right) = 1 + 4 \cdot \ln 4 - 4 - 4 \cdot 0 = 4 \cdot \ln 4 - 3$$

$A_1 = 4 \cdot \ln 4 - 3$

$$A_2 = \int_1^4 (\text{OK} - \text{UK})\,dx = \int_1^4 (g(x) - f(x))\,dx = \int_1^4 \left(\frac{4}{x^2} - \frac{4}{x} - 2 - \left(-\frac{4}{x} - 2\right)\right) dx =$$
$$= \int_1^4 \left(4x^{-2} - \frac{4}{x} - 2 + \frac{4}{x} + 2\right) dx = \int_1^4 4x^{-2}\,dx = \left[\frac{4x^{-1}}{-1}\right]_1^4 = \left[-\frac{4}{x}\right]_1^4 =$$
$$= -\frac{4}{4} - \left(-\frac{4}{1}\right) = -1 + 4 = 3$$

$A_2 = 3$

$A_1 : A_2 = (4 \cdot \ln 4 - 3) : 3$

Aufgabe 37
S. 82

Nullstellen der Funktion f: $f(x) = 0 \;\Rightarrow\; x + 3 + \dfrac{3}{x-1} = 0 \quad | \cdot (x-1) \neq 0$, da $x \neq 1$

$$\begin{aligned} (x+3)(x-1) + 3 &= 0 \\ x^2 + 3x - x - 3 + 3 &= 0 \\ x^2 + 2x &= 0 \\ x \cdot (x+2) &= 0 \;\Rightarrow\; x = 0 \text{ oder } x = -2 \end{aligned}$$

$$A = \int_{-2}^0 (\text{OK} - \text{UK})\,dx = \int_{-2}^0 (f(x) - 0)\,dx = \int_{-2}^0 \left(x + 3 + \frac{3}{x-1} - 0\right) dx =$$
$$= \left[\frac{x^2}{2} + 3x + 3 \cdot \ln|x-1|\right]_{-2}^0 = 0 + 3 \cdot \ln|-1| - \left(\frac{4}{2} - 6 + 3 \cdot \ln|-3|\right) =$$
$$= 3 \cdot \ln 1 - 2 + 6 - 3 \cdot \ln 3 = 4 - 3 \cdot \ln 3$$

Beachten Sie in der Rechnung: $\ln|-1| = \ln 1 = 0$ und $\ln|-3| = \ln 3$

Aufgabe 38
S. 83

38.1 Gleichung der Wendetangente aufstellen:

Der Wendepunkt $W\left(-3; \dfrac{6}{e}\right)$ ist gegeben.

$f(x) = (3-x)e^{\frac{x}{3}}$

$f'(x) = -1 \cdot e^{\frac{x}{3}} + (3-x)e^{\frac{x}{3}} \cdot \dfrac{1}{3} = \left(-1 + \dfrac{3-x}{3}\right) \cdot e^{\frac{x}{3}} = -\dfrac{1}{3} \cdot x \cdot e^{\frac{x}{3}}$

Ansatz für die Wendetangente:

$y = m \cdot x + b \quad$ mit $\quad m = f'(-3) = -\dfrac{1}{3} \cdot (-3) \cdot e^{-\frac{3}{3}} = 1 \cdot e^{-1} = \dfrac{1}{e}$

7

Aufgabe 38
S. 82
Fortsetzung

$y = \frac{1}{e} \cdot x + b \quad | \; W\left(-3; \frac{6}{e}\right)$ einsetzen.

$\frac{6}{e} = \frac{1}{e} \cdot (-3) + b \quad \Rightarrow \quad b = \frac{9}{e}$

Wendetangente t: $y = \frac{1}{e} \cdot x + \frac{9}{e}$; $\quad y = 0$ für $x = -9$

38.2 Zu zeigen ist: $F'(x) = f(x) = (3 - x)e^{\frac{x}{3}}$

$F(x) = (18 - 3x)e^{\frac{x}{3}}$

$F'(x) = -3 \cdot e^{\frac{x}{3}} + (18 - 3x)e^{\frac{x}{3}} \cdot \frac{1}{3} = -3e^{\frac{x}{3}} + (6 - x)e^{\frac{x}{3}} = (3 - x)e^{\frac{x}{3}} = f(x)$

7

38.3 Nullstellen von $f(x)$: $f(x) = 0 \quad \Rightarrow \quad (3 - x)e^{\frac{x}{3}} = 0$

$\Rightarrow \quad x = 3$, da $e^{\frac{x}{3}}$ keine Nullstelle hat.

Flächenberechnung:

Vergleichen Sie in der Figur 33: Die Fläche, deren Maßzahl A gesucht ist, besteht aus einem Dreieck mit dem Flächeninhalt $\frac{1}{2} \cdot 6 \cdot \frac{6}{e} = \frac{18}{e}$ und dem Flächenteil, welches auf dem Intervall $[-3; 3]$ oben vom Graphen der Funktion f und unten von der x-Achse begrenzt wird.

$$A = \frac{18}{e} + \int_{-3}^{3} f(x)\,dx = \frac{18}{e} + [F(x)]_{-3}^{3} = \frac{18}{e} + F(3) - F(-3) =$$

$$= \frac{18}{e} + (18 - 9)e^{1} - (18 + 9)e^{-1} = \frac{18}{e} + 9e - \frac{27}{e} = 9e - \frac{9}{e} \approx 21{,}15$$

Aufgabe 39
S. 83

Nach Ausführung der Polynomdivision erhalten wir für die Funktionsterme $f(x)$ und $g(x)$ die Darstellung $f(x) = x + 5 - \frac{3}{x - 1}$ und $g(x) = x + 5 + \frac{5}{x - 1}$, aus der wir die gemeinsame schiefe Asymptote $y = x + 5$ ablesen können.

39.1 In der Figur 34 ist die positive Maßzahl der schraffierten Fläche zu berechnen. Wir integrieren von $x = 2$ bis $x = r > 2$ und beachten, dass in diesem Bereich $\text{OK} = g(x)$ und $\text{UK} = f(x)$ gilt.

$$A(r) = \int_{2}^{r} (\text{OK} - \text{UK})\,dx = \int_{2}^{r} (g(x) - f(x))\,dx = \int_{2}^{r} \left(x + 5 + \frac{5}{x - 1} - \left(x + 5 - \frac{3}{x - 1}\right)\right)dx =$$

$$= \int_{2}^{r} \frac{8}{x - 1}\,dx = [8 \cdot \ln|x - 1|]_{2}^{r} = 8 \cdot \ln|r - 1| - 8 \cdot \ln|2 - 1| = 8 \cdot \ln(r - 1) - 8 \cdot \ln 1 =$$

$$= 8 \cdot \ln(r - 1), \text{ da } \ln 1 = 0 \text{ und } r > 2$$

$A(r) = 8 \cdot \ln(r - 1)$

39.2 $8 \cdot \ln(r - 1) = 16 \quad | : 8$

$\ln(r - 1) = 2$

Mit $2 = 2 \cdot 1 = 2 \cdot \ln e = \ln e^2$ erhalten wir:

$\ln(r - 1) = \ln e^2 \quad |$ delogarithmieren

$r - 1 = e^2$

$r = e^2 + 1 > 2$

(Im Abschnitt 14.1.3 des Bandes Analysis 2 finden Sie eine ausführliche Darstellung von verschiedenen Lösungswegen für logarithmische Gleichungen.)

Aufgabe 40
S. 84

Die Funktion f hat die Nullstelle $x = 3$.
Wir erhalten die positive Maßzahl A der in Figur 35 schraffierten Fläche, wenn wir von $x = -2$ bis $x = 3$ integrieren und in diesem Bereich OK = 0 (x-Achse) und UK = $f(x)$ beachten.

$$A = \int_{-2}^{3} (\mathrm{OK} - \mathrm{UK})\,dx = \int_{-2}^{3} (0 - f(x))\,dx = \int_{-2}^{3} (-f(x))\,dx = -\int_{-2}^{3} f(x)\,dx = \int_{3}^{-2} f(x)\,dx =$$

$$= \int_{3}^{-2} \frac{8x-24}{x^2-6x+10}\,dx = 4 \cdot \int_{3}^{-2} \frac{2x-6}{x^2-6x+10}\,dx = \left[4 \cdot \ln|x^2-6x+10|\right]_3^{-2} =$$

$$= 4 \cdot \ln|4+12+10| - 4 \cdot \ln|9-18+10| = 4 \cdot \ln 26 - 4 \cdot \ln 1 = 4 \cdot \ln 26, \text{ da } \ln 1 = 0$$

$$A = 4 \cdot \ln 26$$

Aufgabe 41
S. 84

In der Figur 36 ist die positive Maßzahl A der schraffierten Fläche zu berechnen. Wir integrieren dazu in Richtung zunehmender x-Werte von $x = 2$ bis $x = 8$ und beachten, dass in diesem Intervall OK = $f(x)$ und UK = $y = x + 3$ gilt.

$$A = \int_{2}^{8} (\mathrm{OK} - \mathrm{UK})\,dx = \int_{2}^{8} \left(x + 3 + \frac{9}{x-1} - (x+3)\right) dx = \int_{2}^{8} \frac{9}{x-1}\,dx = 9 \cdot \int_{2}^{8} \frac{1}{x-1}\,dx =$$

$$= \left[9 \cdot \ln|x-1|\right]_2^8 = 9 \cdot \ln|8-1| - 9 \cdot \ln|2-1| = 9 \cdot \ln 7 - 9 \cdot \ln 1 = 9 \cdot \ln 7, \text{ da } \ln 1 = 0$$

$$A = 9 \cdot \ln 7$$

Aufgabe 42
S. 84

42.1 Der Graph der Funktion f liegt dann achsensymmetrisch zur y-Achse, wenn für alle $x \in \mathbb{R}$ die Bedingung $f(-x) = f(x)$ erfüllt ist:

$$f(-x) = \sqrt{(-x)^2 + 1} = \sqrt{x^2 + 1} = f(x)$$

42.2 $F(x)$ ist eine Stammfunktion von $f(x)$, wenn $F'(x) = f(x)$ gilt.

Damit wir den Faktor $\frac{1}{2}$ nicht in jeder Zeile auf der rechten Seite mitführen müssen, differenzieren wir die Funktion $2 \cdot F(x)$:

$$2 \cdot F(x) = x \cdot \sqrt{x^2+1} + \ln\left(x + \sqrt{x^2+1}\right)$$

$$2 \cdot F'(x) = 1 \cdot \sqrt{x^2+1} + x \cdot \frac{1 \cdot 2x}{2 \cdot \sqrt{x^2+1}} + \frac{1 + \frac{1 \cdot 2x}{2 \cdot \sqrt{x^2+1}}}{x + \sqrt{x^2+1}} =$$

$$= \sqrt{x^2+1} + \frac{x^2}{\sqrt{x^2+1}} + \frac{\frac{\sqrt{x^2+1} + x}{\sqrt{x^2+1}}}{x + \sqrt{x^2+1}} =$$

$$= \sqrt{x^2+1} + \frac{x^2}{\sqrt{x^2+1}} + \frac{1}{\sqrt{x^2+1}} =$$

$$= \frac{x^2+1+x^2+1}{\sqrt{x^2+1}} = \frac{2(x^2+1)}{\sqrt{x^2+1}} = \frac{2 \cdot \sqrt{x^2+1} \cdot \sqrt{x^2+1}}{\sqrt{x^2+1}} = 2 \cdot \sqrt{x^2+1}$$

$$F'(x) = \sqrt{x^2+1} = f(x)$$

7

S. 84 **42.3** Schnitt der Geraden $y = \sqrt{5}$ mit dem Graphen von f:

$f(x) = y \;\Rightarrow\; \sqrt{x^2+1} = \sqrt{5} \;\Rightarrow\; x^2 + 1 = 5 \;\Rightarrow\; x^2 = 4 \;\Rightarrow\; |x| = 2$
$\Rightarrow\; x = 2$ oder $x = -2$

Wegen Symmetrie (vergleichen Sie in der Figur 37) gilt:

$$A = 2 \cdot \int_0^2 (\text{OK} - \text{UK})\,dx = 2 \cdot \int_0^2 (y - f(x))\,dx = 2 \cdot \int_0^2 (\sqrt{5} - f(x))\,dx =$$
$$= 2 \cdot \left[x \cdot \sqrt{5} - F(x)\right]_0^2 = \left[2x \cdot \sqrt{5} - x \cdot \sqrt{x^2+1} - \ln\left(x + \sqrt{x^2+1}\right)\right]_0^2 =$$
$$= 4 \cdot \sqrt{5} - 2 \cdot \sqrt{5} - \ln\left(2 + \sqrt{5}\right) - \left(0 - 0 - \ln\left(0 + \sqrt{1}\right) =$$
$$= 2 \cdot \sqrt{5} - \ln\left(2 + \sqrt{5}\right), \text{ da } \ln 1 = 0$$

$$A = 2 \cdot \sqrt{5} - \ln(2 + \sqrt{5}) \approx 3{,}03$$

Aufgabe 43
S. 85

Vergleichen Sie in Figur 38: Die schraffierte Fläche besteht aus einem Dreieck mit dem Flächeninhalt $\frac{1}{2} \cdot 4 \cdot 4 = 8$, aus dem das vom Graphen von f und der x-Achse begrenzte Flächenstück herausgeschnitten ist.

$$A = 8 - \int_0^3 \left(-x + 4 - \frac{4}{x+1}\right) dx = 8 - \left[-\frac{x^2}{2} + 4x - 4 \cdot \ln|x+1|\right]_0^3 =$$
$$= 8 - \left(-\frac{9}{2} + 12 - 4 \cdot \ln 4 - (0 - 4 \cdot \ln 1)\right) =$$
$$= 8 + \frac{9}{2} - 12 + 4 \cdot \ln 4 + 4 \cdot \ln 1 = \frac{1}{2} + 4 \cdot \ln 4, \text{ da } \ln 1 = 0$$

$$A = \frac{1}{2} + 4 \cdot \ln 4$$

Lösungen Kap. 8

Aufgabe 44
S. 90

44.1 Zur Berechnung der Maßzahl $A(r)$ der in Figur 47 schraffierten Fläche benötigen wir eine Stammfunktion $F(x)$ von $f(x) = e^{-x}$.

Wir zeigen allgemein, dass $F(x) = \frac{1}{a}\, e^{ax}$ eine Stammfunktion der Funktion $f(x) = e^{ax}$ ist:

$$F'(x) = \frac{1}{a} \cdot e^{ax} \cdot a = e^{ax} = f(x)$$

Mit $a = -1$ gilt dann: $F(x) = -e^{-x}$ ist eine Stammfunktion von $f(x) = e^{-x}$.

$$A(r) = \int_0^r e^{-x} dx = [-e^{-x}]_0^r = \left[-\frac{1}{e^x}\right]_0^r = -\frac{1}{e^r} - \left(-\frac{1}{e^0}\right) = -\frac{1}{e^r} + \frac{1}{1} = 1 - \frac{1}{e^r}$$

$$A(r) = 1 - \frac{1}{e^r} \text{ mit } r > 0$$

44.2 $\lim_{r\to\infty} A(r) = \lim_{r\to\infty}\left(1-\frac{1}{e^r}\right) = 1$, da $\lim_{r\to\infty}\frac{1}{e^r} = 0$

S. 91

44.3 $A(r_0) = \frac{1}{2} \Rightarrow 1-\frac{1}{e^{r_0}} = \frac{1}{2} \Rightarrow \frac{1}{e^{r_0}} = \frac{1}{2} \Rightarrow e^{r_0} = 2 \Rightarrow r_0 = \ln 2$

45.1 Zu zeigen ist: $F'(x) = f(x)$

$F(x) = -16\cdot e^{-\frac{x}{2}}\cdot\left(\frac{x}{2}+1\right);\quad f(x) = 4x\cdot e^{-\frac{x}{2}}$

$$F'(x) = -16\cdot e^{-\frac{x}{2}}\cdot\left(-\frac{1}{2}\right)\cdot\left(\frac{x}{2}+1\right) + \left(-16\cdot e^{-\frac{x}{2}}\right)\cdot\frac{1}{2} =$$

$$= -16\cdot e^{-\frac{x}{2}}\cdot\left(-\frac{x}{4}-\frac{1}{2}+\frac{1}{2}\right) = 4x\cdot e^{-\frac{x}{2}} = f(x)$$

8

45.2 Vergleichen Sie in der Figur 48:

Aufgabe 45
S. 91

$$A(r) = \int_0^r 4x\cdot e^{-\frac{x}{2}}\,dx = \left[-16\cdot e^{-\frac{x}{2}}\cdot\left(\frac{x}{2}+1\right)\right]_0^r = -16\cdot e^{-\frac{r}{2}}\left(\frac{r}{2}+1\right) - (-16\cdot e^0\cdot(0+1)) =$$

$$= -16\cdot e^{-\frac{r}{2}}\cdot\left(\frac{r}{2}+1\right) + 16\text{, da } e^0 = 1$$

$$A(r) = 16 - e^{-\frac{r}{2}}\cdot(8r+16)$$

45.3

$$\lim_{r\to\infty} A(r) = 16 - \lim_{r\to\infty}\frac{8r+16}{e^{\frac{r}{2}}} \overset{\text{l'H}}{=} 16 - \lim_{r\to\infty}\frac{8}{\frac{1}{2}\cdot e^{\frac{r}{2}}} =$$

$$= 16 - \lim_{r\to\infty}\frac{16}{e^{\frac{r}{2}}} = 16\text{, da } \lim_{r\to\infty}\frac{16}{e^{\frac{r}{2}}} = 0$$

$$\lim_{r\to\infty} A(r) = 16$$

46.1 $F(x) = 4(x-8)\cdot e^{\frac{x}{4}};\quad f(x) = (x-4)\cdot e^{\frac{x}{4}}$

Aufgabe 46
S. 91

Zu zeigen ist: $F'(x) = f(x)$

$$F'(x) = 4\cdot e^{\frac{x}{4}} + 4(x-8)\cdot e^{\frac{x}{4}}\cdot\frac{1}{4} = e^{\frac{x}{4}}\cdot(4+x-8) = (x-4)\cdot e^{\frac{x}{4}} = f(x)$$

46.2 Nullstelle von f: $f(x) = 0 \Rightarrow (x-4)e^{\frac{x}{4}} = 0 \Rightarrow x = 4$

S. 92

Wir erhalten die positive Maßzahl $A(r)$ der in Figur 49 schraffierten Fläche, wenn wir von $x = r < 4$ bis $x = 4$ in Richtung zunehmender x-Werte integrieren und in diesem Bereich $\text{OK} = 0$ (x-Achse) und $\text{UK} = f(x)$ beachten.

$$A(r) = \int_r^4 (\text{OK}-\text{UK})\,dx = \int_r^4 (0-f(x))\,dx = -\int_r^4 f(x)\,dx = \int_4^r f(x)\,dx =$$

$$= \left[4(x-8)\cdot e^{\frac{x}{4}}\right]_4^r = 4(r-8)\cdot e^{\frac{r}{4}} - 4(4-8)\cdot e^{\frac{4}{4}} = 4(r-8)\cdot e^{\frac{r}{4}} + 16e$$

46.3 Die Berechnung des Grenzwertes von $f(x)$ für $x\to-\infty$ wird oft einfacher, wenn man den Grenzwert von $f(-x)$ für $x\to\infty$ untersucht.
Es gilt immer: $\lim_{x\to-\infty} f(x) = \lim_{x\to\infty} f(-x)$

$$\lim_{r\to-\infty} A(r) = 16e + \lim_{r\to-\infty} \frac{4r+32}{e^{-\frac{r}{4}}} = 16e + \lim_{r\to\infty} \frac{-4r+32}{e^{\frac{r}{4}}} =$$

$$= 16e, \text{ da } \lim_{r\to\infty} \frac{-4r+32}{e^{\frac{r}{4}}} \overset{\text{l'H}}{=} \lim_{r\to\infty} \frac{-4}{\frac{1}{4}\cdot e^{\frac{r}{4}}} = 0$$

$$\lim_{r\to-\infty} A(r) = 16e$$

Aufgabe 47
S. 92

Wir erhalten die positive Maßzahl A der in Figur 50 schraffierten Fläche, wenn wir von $x = -4 + h$ bis $x = 4 - h$ in Richtung zunehmender x-Werte über OK – UK $= f(x) - g(x)$ integrieren und dann den Grenzwert $h \to 0$ bilden.

Im Integranden $f(x) - g(x)$ formen wir den Term $f(x)$ mit dem Logarithmengesetz $\ln(A \cdot B) = \ln A + \ln B$ $(A, B > 0)$ um und fassen zusammen:

$$f(x) - g(x) = \ln\left(3 \cdot \frac{4-x}{x+4}\right) - \ln\frac{4-x}{x+4} = \ln 3 + \ln\frac{4-x}{x+4} - \ln\frac{4-x}{x+4} = \ln 3$$

Wir erhalten so: $f(x) - g(x) = \ln 3$

$$A(h) = \int_{-4+h}^{4-h} \ln 3 \, dx = [x \cdot \ln 3]_{-4+h}^{4-h} = (4-h)\cdot\ln 3 - (-4+h)\cdot\ln 3 =$$

$$= (4-h)\cdot\ln 3 + (4-h)\cdot\ln 3 = 2\cdot(4-h)\cdot\ln 3 = (8-2h)\cdot\ln 3$$

$$A(h) = (8-2h)\cdot\ln 3$$

$$A = \lim_{h\to 0} A(h) = \lim_{h\to 0} (8-2h)\cdot\ln 3 = 8\cdot\ln 3$$

Aufgabe 48
S. 92

48.1 Vergleichen Sie in der Figur 51:
Wir wissen nur $r > 0$ und müssten daher die Fälle $0 < r < 1$ und $r > 1$ für die Berechnung der positiven Maßzahl der in Figur 51 schraffierten Fläche unterscheiden. Wir vermeiden diese Fallunterscheidung, indem wir den Wert des bestimmten Integrals in Betragsstriche setzen:

$$A(r) = \left|\int_1^r (f(x) - y)\, dx\right| = \left|\int_1^r \left(\frac{2x^3+2}{x^2} - 2x\right) dx\right| = \left|\int_1^r (2x + 2x^{-2} - 2x)\, dx\right| =$$

$$= \left|\int_1^r 2x^{-2}\, dx\right| = \left|\left[\frac{2\cdot x^{-1}}{-1}\right]_1^r\right| = \left|\left[-\frac{2}{x}\right]_1^r\right| = \left|-\frac{2}{r} - \left(-\frac{2}{1}\right)\right| =$$

$$= \left|-\frac{2}{r} + 2\right| = \left|2 - \frac{2}{r}\right| = 2\cdot\left|1 - \frac{1}{r}\right|$$

$$A(r) = 2\cdot\left|1 - \frac{1}{r}\right|$$

48.2 $A(r) = \frac{3}{2} \Rightarrow 2\cdot\left|1 - \frac{1}{r}\right| = \frac{3}{2} \Rightarrow \left|1 - \frac{1}{r}\right| = \frac{3}{4}$

Die letzte Betragsgleichung wird mit Fallunterscheidungen gelöst:

$1 - \frac{1}{r} = \frac{3}{4}$ oder $1 - \frac{1}{r} = -\frac{3}{4}$

$-\frac{1}{r} = -\frac{1}{4}$ oder $-\frac{1}{r} = -\frac{7}{4}$

$$\frac{1}{r} = \frac{1}{4} \qquad \text{oder} \qquad \frac{1}{r} = \frac{7}{4}$$

$$r = 4 \qquad \text{oder} \qquad r = \frac{4}{7}$$

Ergebnis: Für $r_0 = 4$ oder $r_0 = \frac{4}{7}$ gilt $A(r_0) = \frac{3}{2}$

48.3 $\lim\limits_{r \to 0} A(r) = \lim\limits_{r \to 0} 2 \cdot \left| 1 - \frac{1}{r} \right| = 2 \cdot \lim\limits_{r \to 0} \left| 1 - \frac{1}{r} \right| \to \infty$

$\lim\limits_{r \to \infty} A(r) = \lim\limits_{r \to \infty} 2 \cdot \left| 1 - \frac{1}{r} \right| = 2 \cdot \lim\limits_{r \to \infty} \left| 1 - \frac{1}{r} \right| = 2 \cdot 1 = 2$

8

49.1 $F(x) = (3 - x) \cdot e^x$; $\quad f(x) = (2 - x) \cdot e^x$

Aufgabe 49
S. 93

$F(x)$ ist eine Stammfunktion von $f(x)$, wenn $F'(x) = f(x)$ gilt:

$F'(x) = -1 \cdot e^x + (3 - x) \cdot e^x \cdot 1 = e^x \cdot (-1 + 3 - x) = (2 - x) \cdot e^x = f(x)$

49.2 Wir erhalten die positive Maßzahl A der in Figur 52 schraffierten Fläche, wenn wir von $x = r$ $(r < 0)$ bis $x = 2$ (= Nullstelle der Funktion f) integrieren und in diesem Bereich $OK - UK = f(x) - 0 = f(x)$ beachten.

$A(r) = \int\limits_r^2 f(x)\,dx = [F(x)]_r^2 = [(3 - x) \cdot e^x]_r^2 = (3 - 2) \cdot e^2 - (3 - r) \cdot e^r = e^2 - (3 - r) \cdot e^r$

49.3 Nebenrechnung: $\lim\limits_{r \to -\infty} (3 - r) \cdot e^r = \lim\limits_{r \to \infty} (3 + r) \cdot e^{-r} = \lim\limits_{r \to \infty} \frac{3 + r}{e^r} \overset{\text{l'H}}{=} \lim\limits_{r \to \infty} \frac{1}{e^r} = 0$

(Vergleichen Sie die Bemerkung in 46.3.)

Mit dem Ergebnis der Nebenrechnung gilt dann: $\lim\limits_{r \to -\infty} A(r) = e^2$

Bezeichnungen; logische Zeichen

Bezeichnungen

$\mathbb{N}$	Menge der natürlichen Zahlen $\{1; 2; 3; \dots\}$
$\mathbb{N}_0$	$\{0; 1; 2; 3; \dots\}$
$\mathbb{Z}$	Menge der ganzen Zahlen $\{\dots; -2; -1; 0; 1; 2; \dots\}$
$\mathbb{Q}$	Menge der rationalen Zahlen (Menge aller Brüche, Quotienten)
$\mathbb{R}$	Menge der reellen Zahlen
$[a; b]$	beidseitig abgeschlossenes Intervall $\{x \mid a \leqq x \leqq b\}$
$[a; b[$	halboffenes Intervall $\{x \mid a \leqq x < b\}$
$\lvert x \rvert$	Betrag der reellen Zahl x
$\lvert T(x) \rvert$	Betrag des Terms $T(x)$
$\operatorname{sgn} x$	Signum von x; Vorzeichen von x
f	Funktion f
f^{-1}	Umkehrfunktion zu f (lies: f oben – 1)
f_a, f_k	Funktionenschar mit dem Scharparameter a bzw. k
$f \circ g$	Verkettung von f mit g, f folgt auf g
$f(x)$	Funktionsterm oder Funktionswert
$f(g(x))$	Funktionswert der Verkettung $f \circ g$
D_f	Definitionsmenge der Funktion f
W_f	Wertmenge der Funktion f
G_f	Graph der Funktion f, Funktionskurve
Grad Z	Grad des Zählerpolynoms (auch: deg Z)
Grad N	Grad des Nennerpolynoms (auch: deg N) (jeweils die größte auftretende Hochzahl bei x)
f'	1. Ableitungsfunktion von f
$f'(x)$	Term der Funktion f'
f''	2. Ableitungsfunktion von f (oder 1. Ableitungsfunktion von f')
$f''(x)$	Term der Funktion f''
$\mathrm{d}x$, $\mathrm{d}y$	Differenziale
$y' = \frac{\mathrm{d}y}{\mathrm{d}x}$	Ableitung von y nach x
$\int f(x)\,\mathrm{d}x$	unbestimmtes Integral über die Funktion f (Menge aller Stammfunktionen von f)
$\int_a^b f(x)\,\mathrm{d}x$	bestimmtes Integral über die Funktion f
$\int_a^x f(t)\,\mathrm{d}t$	Integralfunktion der Funktion f
$[F(x)]_a^b$	$= F(b) - F(a)$
$F(x)$, $G(x)$	Stammfunktionen von $f(x)$, $g(x)$

Logische Zeichen

Sind A, B Aussagen oder Aussageformen, so ist:

$A \wedge B$	sowohl A als auch B, A und B
$A \vee B$	A oder B oder beide
$A \Rightarrow B$	aus A folgt B (Implikation)
$A \Leftrightarrow B$	aus A folgt B und umgekehrt (Äquivalenz)

Stichwortverzeichnis

mentor
Eine Klasse besser.